刘晓曼　陈聃　著

尧尹　陈聃　绘

·桂林·

MIAO DONG TANZHONGHE（SHANG XIA CE）
喵懂碳中和（上下册）

出版统筹：李闰华
品牌总监：张少敏
质量总监：李茂军
选题策划：李茂军　戚　浩
版权联络：郭晓晨　张立飞
责任编辑：戚　浩
助理编辑：梁　缨
美术编辑：刘淑媛
营销编辑：欧阳蔚文
责任技编：郭　鹏
特约编辑：刘　绚　冉卓异
特约封面设计：苏　玥
特约内文制作：苏　玥

图书在版编目（CIP）数据

喵懂碳中和 ： 上下册 / 刘晓曼，陈聃著 ； 尧尹，陈聃绘. -- 桂林 ： 广西师范大学出版社，2024. 7.
(神秘岛). -- ISBN 978-7-5598-7062-9

Ⅰ. X511-49

中国国家版本馆 CIP 数据核字第 2024DJ6655 号

广西师范大学出版社出版发行
（广西桂林市五里店路 9 号　邮政编码：541004
网址：http://www.bbtpress.com）
出版人：黄轩庄
全国新华书店经销
北京尚唐印刷包装有限公司印刷
（北京市顺义区马坡镇聚源中路 10 号院 1 号楼 1 层　邮政编码：101399）
开本：720 mm × 1 010 mm　1/18
印张：18　　字数：180 千
2024 年 7 月第 1 版　　2024 年 7 月第 1 次印刷
定价：88.00 元（上下册）

目录

·第一章·

不可思议的太阳能

太阳的能量有多强？

有了它，地球万物得以生长。

有了它，地球上形成了各种天气现象。
热
冷

有了它，地球上产生了各种能源。
化石能源
风能
水能
生物质能
煤炭 石油 天然气
生物质能

俗话说："万物生长靠太阳。"这句话一点也不假。包括人类在内，地球上几乎所有生物生存所需要的能量和物质都直接或间接来自太阳。作为整个太阳系的核心，太阳其实是一个巨型的核反应堆，它之所以能够发光发热长达几十亿年，靠的是其内部的氢核聚变反应。据测算，太阳每秒能产生386亿亿亿焦耳的能量，这个能量相当于引爆18亿颗人类有史以来测试过的威力最强的武器——沙皇氢弹所释放的能量。如果太阳能这种强大、持久而清洁的能源能够被人类充分利用，就再也没有化石能源什么事了。

太阳能的使用期限剩余多久？

使用期限剩余：

约150年。

虽然新的化石能源时不时地会被发现和开采，但总体来说，化石能源的储量是有限的。

使用期限剩余：

约40年。

使用期限剩余：

约50多亿年。

化石能源的不可再生性，时时刻刻困扰着人类。作为可再生能源的太阳能，眼下我们完全没有必要担心“使用期限”这个问题。据科学家推测，太阳的寿命大约是100亿年，而现在它正值“壮年”，大概50亿岁。太阳几乎能够照射到地表的每一个角落，而且地表所接收到的太阳能量，是阳光到达地球大气层后，又经过大气层吸收、反射、散射作用后所剩下的部分能量，这部分能量大约仅占太阳辐射总能量的二十二亿分之一。因此对于人类而言，太阳能的确是取之不尽、用之不竭的理想可再生能源。

同一个地球，不同的太阳能

地球是一个球体，地表各个地区的日照时长和日照强度不尽相同。全球太阳能资源最丰富的地区包括北非、南欧和中东等地。比如，埃及的太阳年辐射总量就达到了每平方米100亿焦耳以上。我国太阳能资源最丰富的地区在青藏高原一带，西藏的太阳能资源位居世界第二位。目前全球集中发电规模最大的光伏电站群——塔拉滩光伏发电园区，位于青海省，它的规划面积接近新加坡的面积。

不远不近的太阳

既然太阳的能量无穷无尽，为什么我们不靠它更近一点？

为了科普你也不用这么装傻吧？

多给你一点表现的机会啊。

大可不必。

地球与太阳保持了合适的距离。

地球

水是生命之源，离太阳太近，热量爆棚，水会沸腾；离太阳太远，热量不足，水会结冰。看看地球两个老邻居表面的平均温度值吧！

那我俩能挨得近一点吗？

地球离太阳近一点，可以获取更多的太阳能；离太阳远一点，可以暂时解决全球变暖的问题。但是，无论是“近一点”还是“远一点”，都可能会给地球上的生物带来一场灭顶之灾。

地球之所以能成为太阳系中唯一有生命存在的行星，原因之一就是它位于太阳系的宜居带，与能量之源太阳保持了不近不远的距离。这段距离让地球上的水能够以液态的形式存在，从而为生命的起源和存续提供了更有利的条件。

将太阳能变成电能

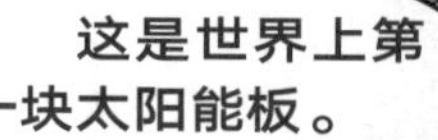
这是世界上第一块太阳能板。

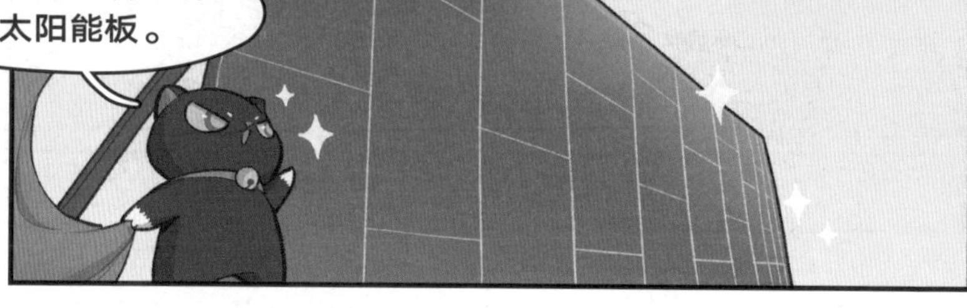
太阳能板的主体由半导体材料构成。当阳光照射太阳能板时，阳光中的光子会激发半导体中的电子-空穴对，产生电动势。

这种将光能转化为电能的现象，被称作光伏效应。听起来是不是很神奇？！

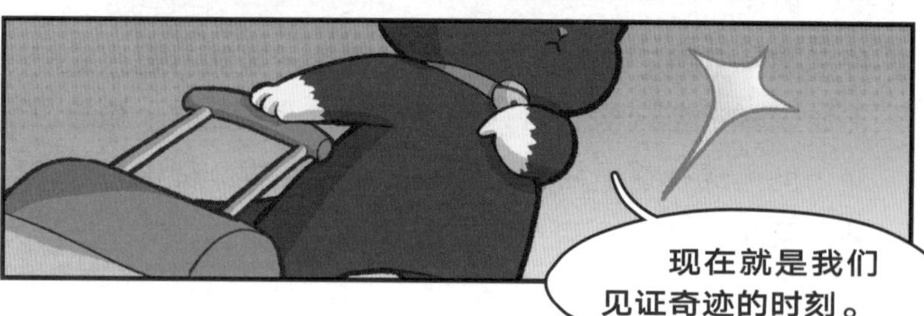
现在就是我们见证奇迹的时刻。

抱歉，这毕竟是世界上第一块太阳能板。

光伏发电装置是利用半导体材料的光伏效应，将太阳辐射能直接转换为电能的一种装置。光伏效应最初是由法国物理学家贝克勒尔在1839年发现的。1884年，第一块太阳能电池板由美国人查尔斯·弗里茨制造成功，但它的光电转化效率仅有1%。制造世界上第一批太阳能电池所消耗的能源，比它们所提供的能源还要多！如今，太阳能光伏装置已经成为我们日常生活中一种十分常见的供电装置。简单的光伏电池可为手表、计算器、玩具提供电力，较复杂的光伏系统可为房屋提供照明，大量光伏组件还可以被连接起来，产生更多电力，为电网供电。

光伏发电与光热发电

除了光伏发电，利用太阳能发电还有另一种形式——光热发电。光热发电系统首先通过聚光装置将阳光汇集到接收端，再通过储热介质（液体或气体，如熔盐）加热水产生高压蒸汽，进而驱动发电机组工作。由于聚光方式的不同，光热发电系统会呈现出不同的外观。

相对于直接把光能转化为电能的光伏发电而言，光热发电需要经历光能－热能－机械能－电能的一系列转化过程，因此光热发电站往往占地规模较大，通常建在自然光充足、人烟稀少的地区。而在城市中，太阳能光热转换装置通常不是用于发电，而是以太阳能热水器、太阳能灶、太阳能温室的形式出现。

太阳能为何还不能取代化石能源?

部分阳光被反射和部分光的波段能量无法被吸收是目前太阳能利用效率不高的主要原因。

来点小鱼干

无论是光伏发电还是光热发电，太阳能发电产生的温室气体排放量远低于化石能源。统计数据表明，2022年，全球发电量的60.94%仍来源于化石能源，太阳能发电量仅占4.5%。为何低碳环保、海量持久的太阳能还无法取代化石能源呢？

这是因为，虽然阳光普照大地，但并不是所有的阳光都能用于发电。首先，光伏发电的关键是吸收阳光中光子携带的能量，而太阳能板本身会不可避免地将一部分阳光反射出去。其次，阳光是由不同颜色的光组合而成，并不是所有颜色的光都能提供用于激发电子形成电流的合适能量。这就导致目前太阳能的能量转化效率较低，对太阳能的利用远远达不到对化石能源利用的程度。

太阳能板可装在哪里？

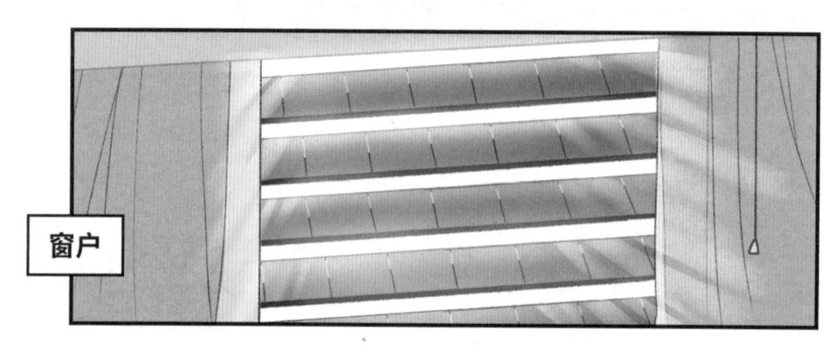

太阳能发电技术近十几年来取得了飞速发展，太阳能已成为碳中和时代最具发展潜力的可再生能源。2022年，太阳能在全球一次能源中的占比为2.06%，而在2008年，这个数据仅为0.03%。除了分布广泛、清洁、持久的优点外，太阳能发电还可以为无法架设电网或电网建设成本高昂的地区解决供电问题。这是因为太阳能发电可以不涉及电力运输，只要在房顶或院子里架设太阳能板，就可以直接获取电能。那么问题来了，太阳能板装在哪里，才能接收到更多的阳光呢？

地球大气层存在几个部分？

哪里的太阳能最强？

散逸层：
卫星在这里或再往上的空间运行。

热层：
产生极光的空间。

中间层：
流星穿过大气层在这层燃烧。

平流层：
臭氧存在和飞机飞行的空间。

对流层：
人类生存的空间，水汽丰富，天气变化多样。

太阳能的利用效率受到很多因素影响，天气就是其中重要的因素。

这么好的阳光，
绝不可浪费。
太阳时刻照耀着地球，但由于地球自转，太阳不会时刻照耀着同一个地方。因此，太阳能发电无法做到一年365天、一天24小时不间断发电。
遇到阴天、雨雪天气时，太阳能的发电量会产生很大波动。
如果能把太阳能板架设在宇宙中不受天气变化影响、又能时时刻刻吸收太阳能量的某个地方就好啦！

人类利用太阳能的方式的变化

通常，太阳能是这样自然转化的……
吃！
植物吸收太阳能 ⟶ 动物吃植物 ⟶ 人类食用植物和动物制品

用！
煤炭
石油
天然气
化石能源三兄弟是人类生产生活所需能量的主要来源。

现在，对太阳能的利用多了一种方式。
太阳能发电
自然转化太阳能，每个步骤都要经过漫长的等待。
人工直接利用太阳能，有光就有电！

植物一直是太阳能自然转化的中介，化石能源本质上来源于植物，食物链中的能量同样来源于植物。光伏发电技术和光热发电技术的出现，跳过了太阳能—植物—动物—化石能源的漫长累积转化过程，让“有光就有电”成为现实。在实现碳中和的道路上，太阳能将起到举足轻重的作用。根据国际能源署《2050年净零排放：全球能源行业路线图》的规划，到2050年，全球近90%的发电将来自可再生能源，近70%发电量来自光伏发电和风电：2020年之后的十年间，太阳能光伏发电每年的装机增速将达到2020年记录水平的4倍。

·第二章·

2 绿色、可再生、不稳定的风能

风，也是能源

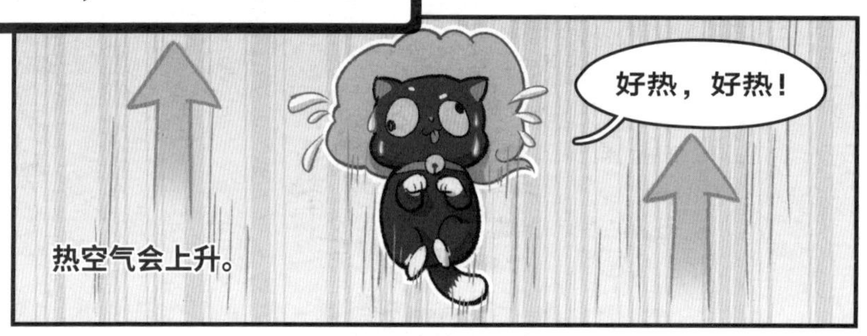

好热，好热！
热空气会上升。

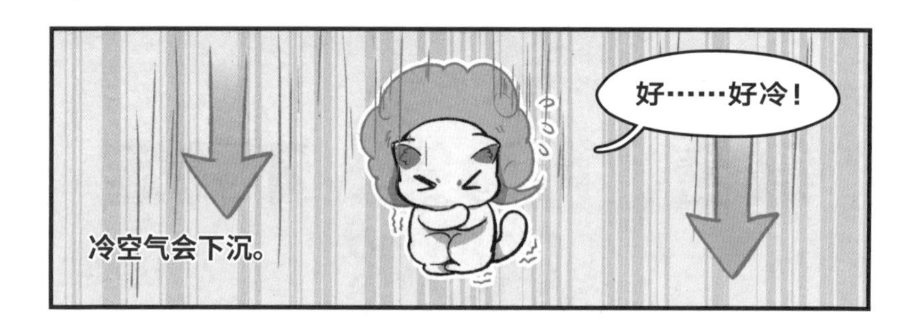

好……好冷！
冷空气会下沉。

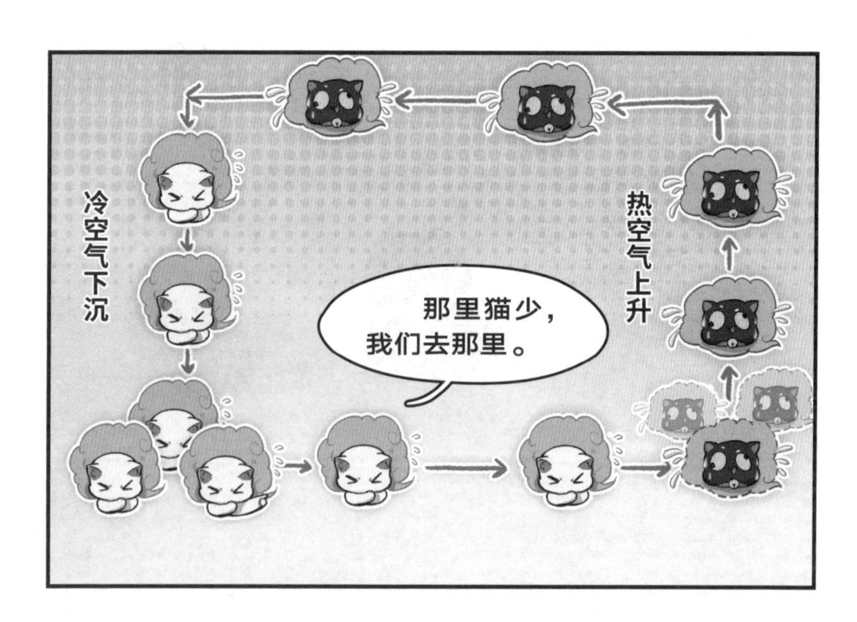

冷空气下沉
热空气上升
那里猫少，
我们去那里。

风，不仅是一种常见的自然现象，也是一种宝贵的能源。太阳辐射是地表热量来源，因为地表各处获得的热量不同，所以每个地方上方的空气被加热的程度也不同。当热空气膨胀上升时，地表的冷空气会补充进来，这种由于温差而引起的空气流动，就是我们感觉到的风。风的变化主要用风向和风速来描述，风向指的是风吹来的方向，而风速指的是风在单位时间内流经的距离，也是衡量风能大小的指标之一。风能源于太阳辐射引起的地表冷热不均产生的能量，是太阳能的一种转化形式，也是一种可再生的清洁能源。

哈哈哈哈哈哈

炎炎夏日，海边为什么会更凉快呢？

这是因为相较陆地而言，海水温度变化较为缓和。

白天，在太阳辐射的作用下，陆地升温快、温度高，海水升温慢、温度低，温差形成了自海洋吹向陆地的海风。

海洋就像一个天然的控温器一样，让沿海地区的气温变化幅度变小。

夜间，太阳辐射消失，陆地降温快、温度低，海洋降温慢、温度高，温差形成了自陆地吹向海洋的陆风。

世界上风能资源最丰富的区域基本集中在沿海地区，像欧洲一些国家的沿海地区，如法国、德国的沿大西洋地区，风速经常能够达到每秒8～9米，甚至更快。正是因为拥有强劲、稳定的风能源，所以很多风电场选在沿海地区建设。

人类对风能的利用

生产

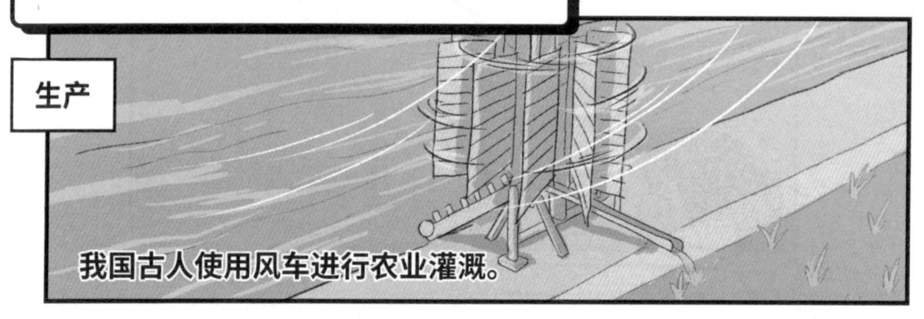

我国古人使用风车进行农业灌溉。

战争

三国时期，以“借东风”而闻名的赤壁之战。

航海

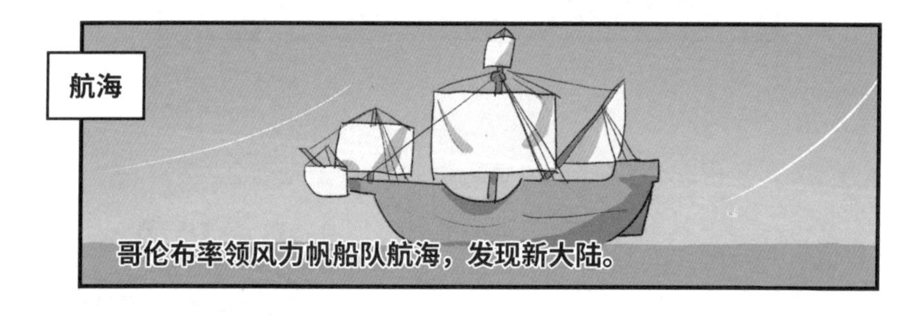

哥伦布率领风力帆船队航海，发现新大陆。

风力发电

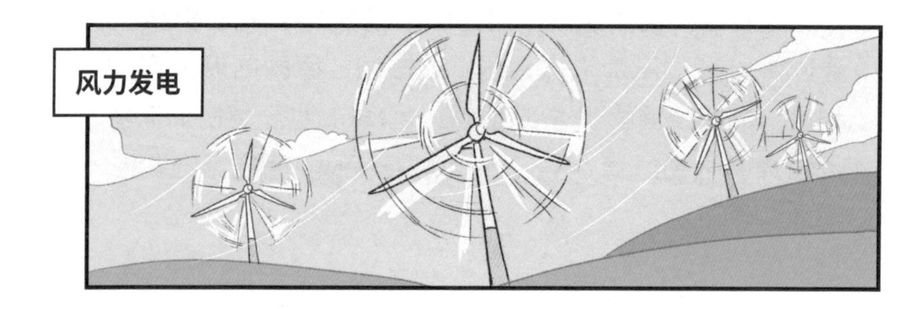

人类很早以前就发现了风的妙处。公元前2世纪，古波斯人用垂直轴风车碾米。14世纪，荷兰人用风车排水、磨面。到了15世纪，人类开始靠风力探索世界，中国航海家郑和七下西洋，率领的就是主要靠风力航行的船队，凭借冬季的东北信风起航。哥伦布在15世纪末发现新大陆，他的船队也是由风力帆船组成的。但是，不管是风车还是帆船，对风力的利用都是比较低效的。直到人类将风力转化成电能，风能才显示出巨大的威力。

用风能实现零碳发电

72千米
A地
B地
以前的风车每小时发电12千瓦时，可供一辆电动汽车跑72千米。
9 000千米
A地
C地
现在的风车每小时发电1 500千瓦时，可供一辆电动汽车跑9 000千米。
你看，还是现在厉害。
你也不看看这几百年风车大小的变化。

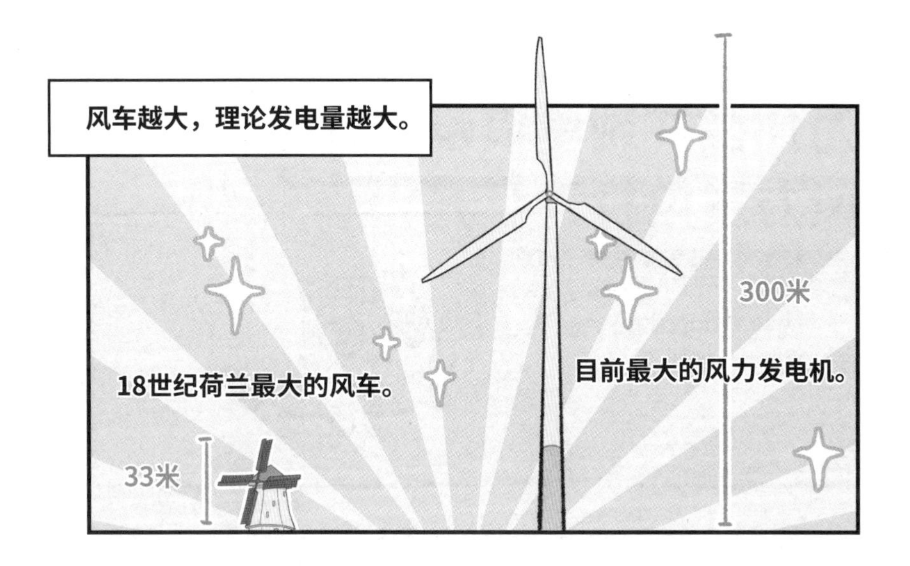
风车越大，理论发电量越大。
300米
目前最大的风力发电机。
18世纪荷兰最大的风车。
33米

来点小鱼干

风力发电是一种运用相对现代的技术手段来获取可再生电力的方式，它的工作原理是将空气的动能转化为机械能，再将机械能转化为电能。整个发电过程完全没有碳排放，实现了零碳发电。

1888年，世界上第一台自动运行且用于发电的风力发电机组问世，但直至1980年，全球风力年发电量仅为0.1亿千瓦时。而在四十多年后的2022年，全球风力年发电量增至2.1万亿千瓦时，其中约38%来自中国。为了获取更多清洁能源，人类建造出的风力发电机也越来越庞大。截至2023年1月，全球单机功率最大、叶轮直径最大的海上风电机组在我国研制成功。其叶轮直径达到了260米，在满发风速下，单台机组每年输出的电能可满足4万户三口之家一年的用电需求，可减少消耗2.5万吨燃煤，减少6.1万吨二氧化碳排放量。

为什么在城里很难看到风力发电机？

我是西伯利亚冷高压，向南方前进中。

风能是源源不断的清洁能源，但在城市中基本见不到大型风力发电机。这是由于城市里的建筑物，或者说是由于城市里地面粗糙度比较大，阻碍了风的流动。当风速降低，风能自然就下降了，能发送的电能也就少了。所以人类首先考虑把风力发电机架设在宽阔、平坦、风速大而稳定的沿海、海面、海岛等区域，其次考虑架设在田野、乡村、丘陵等地面粗糙度小的地区。此外，风力发电机在工作时还会持续发出噪声，以及相互之间必须保持一定的安全距离，这些都是它们不适合安装在城市的原因。不过，这一情况在未来也许会有所改变。

挂满“豆荚”的风电树

未来，城市也许会出现挂满“豆荚”的风电树，豆荚状的风电机挂在9.8米高的仿真树上，迎风旋转就能发电。

每棵树上可以挂36个小“豆荚”，总装机容量约6 000瓦，可以为LED灯和电动车提供电力。
这个小“豆荚”的优点还有……

城市中不适合架设大型风力发电机，那城市中的风就这样白白浪费掉吗？法国一家公司从微风拂过树叶的“沙沙”声中获得灵感，以豆荚型塑料涡轮叶片为媒介，设计了能够从城市建筑物和街道之间流过的温和气流中获取能量的风电树（Wind Tree）。风电树只需2米/秒的风力就可发电，是传统风力发电机对风速要求的一半，而且它们在工作时没有烦人的噪声。也许在不远的将来，城市里会出现这种挂满五颜六色“豆荚”的风电树哟。

风能王国

你知道“童话王国”丹麦的风能利用很成功吗？
当然知道了。

丹麦位于欧洲大陆西北部，靠近大西洋，这里的风能资源在全球都出名！
2019年，丹麦约47%的电力来自风力发电！

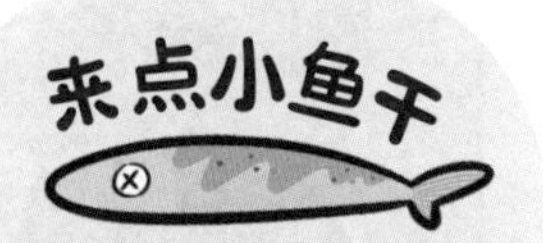

丹麦三面环海、地势平缓，平均海拔约30米，海岸线长达 7 314 千米。得益于先天地理条件，丹麦成为世界上最早一批使用风能的国家之一。受到大西洋吹来的西南风影响，丹麦10米高处平均风速为5.4米/秒，45米高度平均风速能达到6.7米/秒，风能资源较为丰富。丹麦风能发展的成功，还得益于政府强有力的政策和风能开发模式的创新。

风力发电机与飞鸟

北美地区的风力发电机每年杀死的鸟在21.4万到36.8万只之间。

但是，排在北美地区鸟类死亡原因的前三位中，并没有风力发电机。

排在第三位的是汽车碰撞（2.14亿只），排在第二位的是建筑物玻璃（6.23亿只）。

排在第一位的呢？
咋说到关键就不说了？

说到风力发电机对生态的影响，被讨论得最多的可能是它们会造成鸟类和蝙蝠的死亡。风力发电机的叶片在工作时产生的局地气流会影响鸟类和蝙蝠的飞行，使它们撞上机器而亡。为了解决这一问题，现在的风力发电在前期选址规划时，都会尽量避开鸟类和蝙蝠飞行的重要通道，并且尽量不占用它们的关键栖息地。此外，人们还会在风力发电机上设置一些提醒或驱逐装置，比如改变叶片颜色或者设置声音警示，“帮助”鸟类和蝙蝠在飞行时避开机器。

·第三章·

能发电又能当“充电宝”的水能

人类对水能的利用

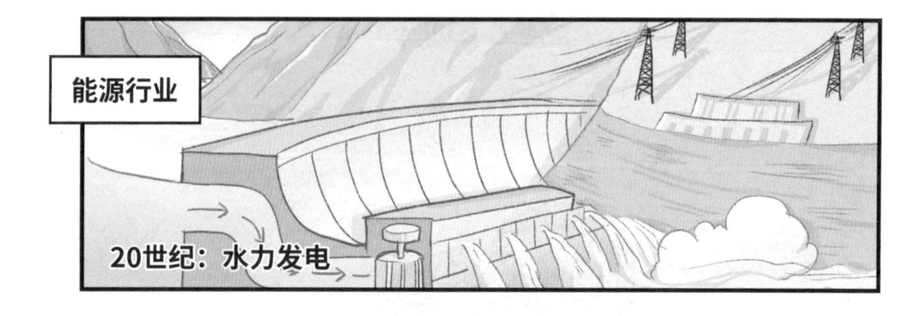

水是生命之源，它不仅是人体赖以维持基本生命活动的必要物质，而且还是能量的载体。广义的水能资源包括水热能资源、水力能资源、水电能资源等。狭义的水能资源通常指的是水体的动能、势能和压力能等能量资源。人类对水能资源开发和利用的历史堪称悠久。水能是一种可利用量巨大的可再生清洁能源。我国是世界上最早利用水能的国家之一，水车、水磨、水排等水力机械的出现，替代人们完成了繁重的体力劳动，在农业生产中发挥了巨大作用。现代社会对水能的大规模开发利用，主要集中在发电领域。水力发电站将水体的动能、势能通过水轮机转换为机械能，再由水轮机带动发电机转动，产生电能。

像充电宝一样蓄能

有风有太阳，电力充足。
电能：
无风无太阳，电力不足。
电能：
当风能、太阳能充足时，水力发电站用它们发的电把水抽到高处。
当风能、太阳能不足时，开闸放水，水力发电站将水的势能转化成动能，用动能推动机械发电。

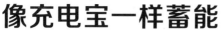

抽水蓄能是一种绿色、高效的电力储存方式。它利用风光电力充足时的余电，将水从低处抽到高处的水库中并储存起来，这样电能就以水体的势能的方式被储存起来。当风光电力不足时，抽水蓄能系统会将储存的水释放出来，通过水轮发电机将水体的势能转化为电能，补充给电网。这种储能方式具有储存体量大、响应迅速的特点，可以随时供应电力以保证电网平稳运行。此外，它还可以提高可再生能源发电的利用效率，避免“弃风（能）弃光（能）”现象造成的能源浪费。抽水蓄能技术目前在全球范围内得到广泛应用，已经成为推动可再生能源发展的重要手段。未来，随着可再生能源的不断发展和应用，抽水蓄能技术的优势将发挥得更加充分。

多种多样的海洋能

潮汐能
受地月引力影响，潮涨潮落，海水移动带动发电机发电。

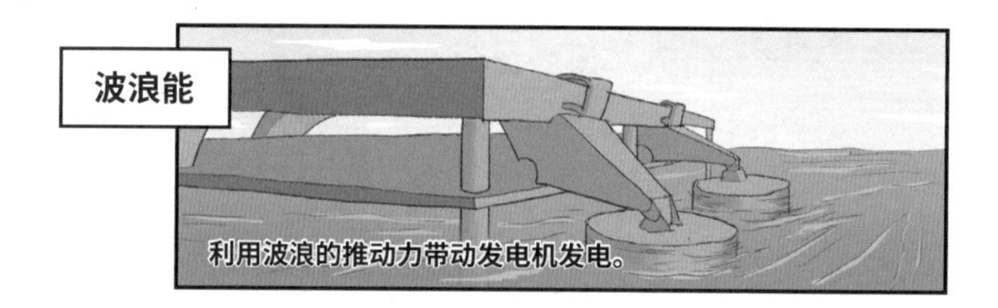
波浪能
利用波浪的推动力带动发电机发电。

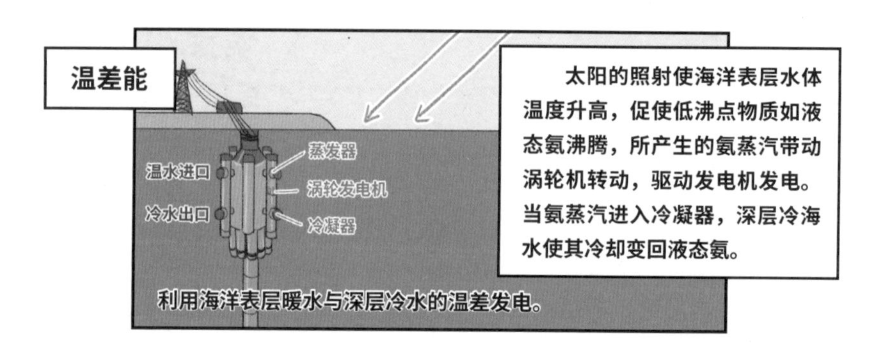
温差能
温水进口
冷水出口
蒸发器
涡轮发电机
冷凝器
太阳的照射使海洋表层水体温度升高，促使低沸点物质如液态氨沸腾，所产生的氨蒸汽带动涡轮机转动，驱动发电机发电。当氨蒸汽进入冷凝器，深层冷海水使其冷却变回液态氨。
利用海洋表层暖水与深层冷水的温差发电。

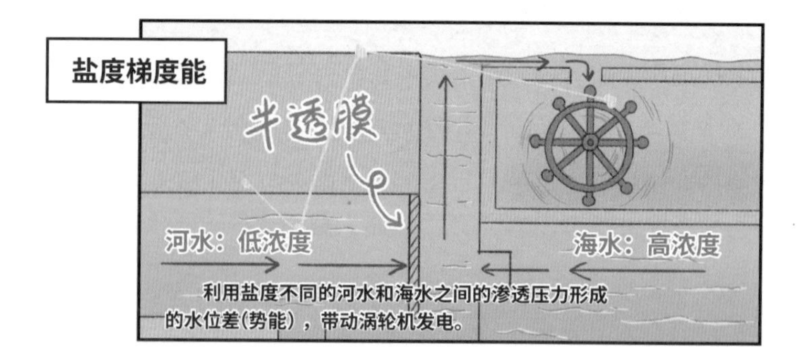
盐度梯度能
半透膜
河水：低浓度
海水：高浓度
利用盐度不同的河水和海水之间的渗透压力形成的水位差（势能），带动涡轮机发电。

地球表面71%的面积是海洋，太阳照射地球的大部分能量被海洋吸收，转化为各种形式的海洋能。比如，海水每日定时涨落中蕴含的潮汐能，海水周期性运动所产生的波浪能，因太阳辐射无法透射深海区而形成的温差能，以及海水和淡水之间由于盐度不同而形成的盐度梯度能，等等。根据科学家的估计，海洋能的蕴藏量是河川水能的15倍多，但是受限于技术水平，人类目前对海洋能的大规模开发利用大部分局限于潮汐能发电。面对广阔的发展前景，世界各国也在积极探索海洋能的开发和利用技术，以期能让这一蕴藏量巨大的能源可以更多地造福人类。

·第四章·

含碳却零碳排的生物质能

生物质能是什么？

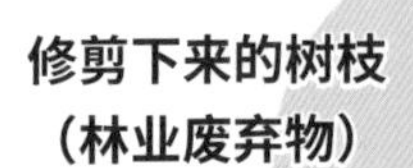

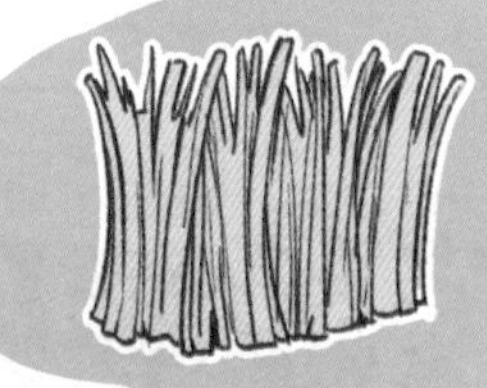

收割下来的秸秆
（农业废弃物）

动物的粪便
（畜业废弃物）

它们都能提供生物质能。生物质能是指利用农业废弃物、畜业废弃物、林业废弃物等而产生的能量。生物质能的利用能够变废为宝。

在阳光的作用下，绿色植物会将二氧化碳和水转化为一种能够提供能量的物质——碳水化合物。碳水化合物不但为植物生长提供能量，也直接或间接地为食用植物的动物提供能量。这种以太阳能为动力的能量转化和传递过程，就是在地球上已经进行了35亿年之久的光合作用。通过光合作用形成的一切有生命的、可以生长的植物、动物和微生物被我们统称为生物质，在生物质中所储存的能源就是生物质能。所以，生物质能也是太阳能的一种表现形式。生物质能的种类有很多，传统生物质能包括薪柴、秸秆、稻草、稻壳及其他农业生产的废弃物和畜禽粪便等。

生物质能的利用方式

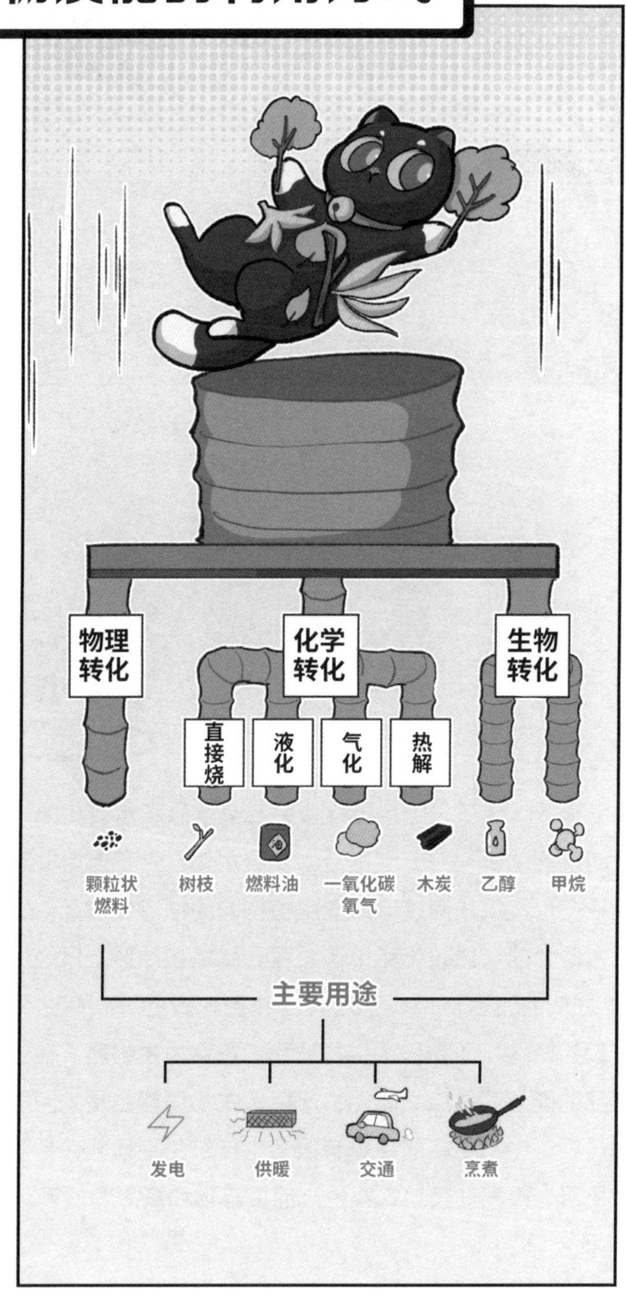

物理转化
化学转化
生物转化
直接燃烧
液化
气化
热解
颗粒状燃料
树枝
燃料油
一氧化碳
氧气
木炭
乙醇
甲烷
主要用途
发电
供暖
交通
烹煮

生物质能是最早被人类利用的自然能源之一，它在地球上的储量非常丰富，分布极为广泛。在第一次工业革命大规模使用煤炭之前，人类日常生活中的炊事、照明和取暖的能量多来自生物质能，比如薪柴。随着科学技术的发展，现代人类对生物质能的利用，不再局限于把生物质能作为燃料直接燃烧，还可以通过物理转化、化学转化、生物转化等方式，将其转变为更高效、更方便使用的物质，比如将其转化为乙醇、燃料油、甲烷等。现代生物质能根据来源不同，大致可以分为林业剩余物、农业剩余物、生活污水、工业有机废渣、城乡固体废物和禽畜粪便六大类。

生物质能与化石能源

	生物质能	化石能源
	林业废弃物	煤炭
	树枝、树叶等	树木沉积在地下而形成
体量参考		
形成方式	光合作用	在厌氧的环境中经历高温挤压
形成时间	每天都在形成	上亿年
碳排放	零排放	高排放

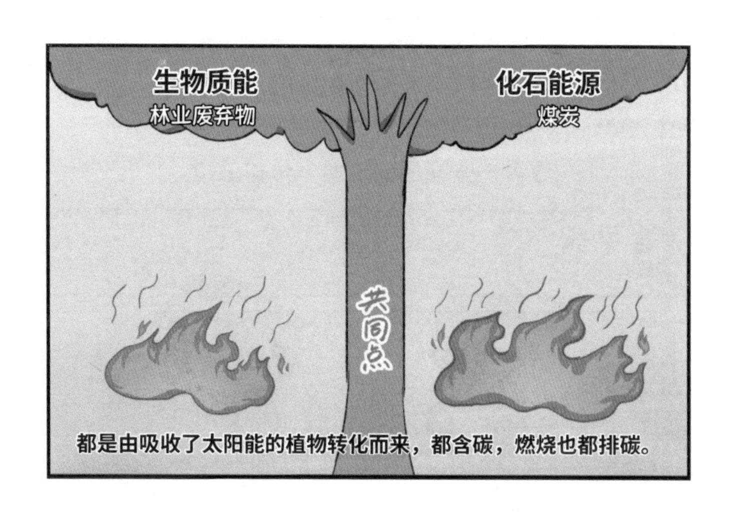
生物质能
林业废弃物
化石能源
煤炭
共同点
都是由吸收了太阳能的植物转化而来，都含碳，燃烧也都排碳。

来点小鱼干

生物质能和化石能源的能量，本质上都是转化和储存太阳能，它们都含有从大气中固定下来的碳元素。但与化石能源需要大量的植物积累和漫长的地质演化不同，生物质能形成周期短，只要太阳照常升起、绿色植物的光合作用不停止，生物质能就可以不断再生。这也让生物质能在碳中和时代成为可再生能源中最为特殊的存在——它是唯一的可再生碳源。但目前，人类对生物质能开发利用的效率还很低。据统计，2022年全球生物燃料（用玉米等作物生产生物乙醇和生物柴油）提供的能源量仅为全球能源消耗总量的0.7%。

生物质能含碳凭什么零碳排？

看看一些能源的温室气体排放量。

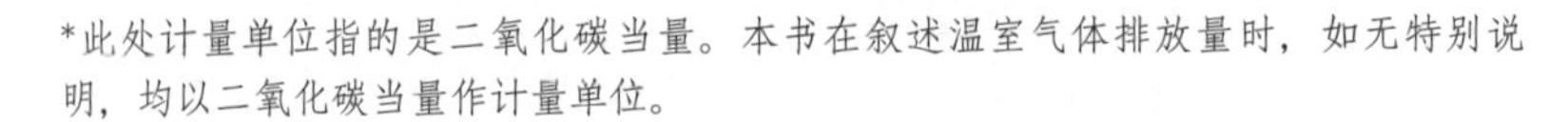
*此处计量单位指的是二氧化碳当量。本书在叙述温室气体排放量时，如无特别说明，均以二氧化碳当量作计量单位。

同化石能源一样，生物质能在燃烧时也会排放碳。但这些碳的来源，是绿色植物进行光合作用时从空气中吸收的二氧化碳。一吸一排正负相抵，所以生物质能在大气中的碳的净排放量可认为等于零，是一种生态友好型能源。在未来，我们还会采用碳捕集的方式，进一步将使用生物质能时的碳排放转为负排放。而化石能源的使用，则是相当于将长期大量累积形成的碳源，在短时间内集中排放，肯定会对大气中的二氧化碳浓度产生影响，这就好比不能将一场森林大火产生的碳排放视作零排放一样。

·第五章·

最具发展潜力的氢能

氢从哪儿来？

氢能是一种环保新能源。氢在常温常压下为气态，氢气可从水中提取。
+ −

水由氢元素和氧元素构成，水经过电解，生成氢气（H_2）和氧气（O_2）。
+ −

氢气是易燃气体，氧气是促进燃烧的气体，氢气和氧气在点燃条件下生成水并释放热能。电解水和生成水的过程可以重复循环。

氢是宇宙中含量最丰富的元素，也是太阳最主要的成分。地球上的氢元素主要蕴含在水中，浩瀚的海洋蕴藏着取之不尽的氢能。最广为人知的人工获取氢气的方法，是电解水制氢。当氢气燃烧时，它与空气中的氧气发生化学反应，生成水。所以，以氢气为主要形态的氢能，是一种零排放、可再生的二次能源。长久以来，氢能的研发和应用在很大程度上受到化石能源价格波动的影响，每当化石能源价格高涨时，人们对氢能开发利用的热情就会高涨，然而这种热情又会随着化石能源价格的回落而下降。

氢气燃烧值爆表

单位质量（或体积）的物质完全燃烧放出的热量，就是该物质的燃烧值。
看看燃烧1千克不同燃料的发电量，理论上能让1台功率为1千瓦的电暖器工作多久。

干木柴

燃烧值：约12 000千焦/千克

可让电暖器运行约3.4小时

标准煤

燃烧值：29 260千焦/千克

可让电暖器运行约8小时

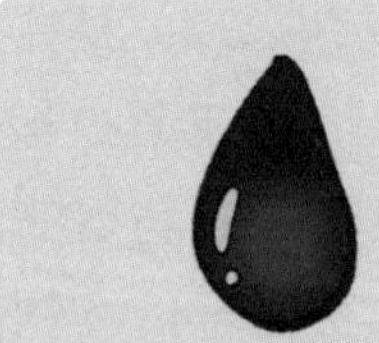

汽油

燃烧值：46 000千焦/千克

可让电暖器运行12.8小时

氢气

燃烧值：140 000千焦/千克

可让电暖器运行39小时

燃烧值也叫热值，是衡量燃料质量的一项重要指标。它指的是单位质量（或体积）的燃料完全燃烧时所放出的热量。燃烧值越大，说明材料的燃烧性能越好，即在相等质量的条件下，燃烧值更大的物质放出的热量更多。氢气的燃烧值有多大呢？除去核燃料外，氢气的燃烧值在所有燃料中是最高的，大约是汽油的3倍、酒精的4.7倍。据推算，如果把地球海水中的氢全部提取出来，它所产生的总热量比地球上所有化石能源放出的能量还多9 000倍。所以，集来源广、燃烧值高、零排放等优势于一身的氢能，被誉为“碳中和时代最具发展潜力的可再生能源”。

火箭的优质燃料

氢能的利用方式主要有两种。一种是直接燃烧。
燃烧氢气提供的热量，约是燃烧同等质量的汽油的3倍。
但在标准大气压和20℃下，1千克氢气的体积大约是1千克汽油的8 000倍。氢气制取后的运输和使用都要在高压或者低温状态下进行。
那氢气到底会用在哪里呢？

氢气是一种优质燃料，但它的体积很大，不便于运输，即使将氢气压缩为液态，仍存在同样的问题。而且液态氢的温度极低，对它的运输和使用都必须采取严格的安全措施。这些原因导致氢燃料很难被直接应用于日常生活。

不过，液态氢在航天领域早已大展拳脚，成为火箭推进器的备选燃料之一。另外，有些潜水艇也会选择把氢燃料电池作为动力源。在一些大型电网中，可以用多余的电力通过电解水来制取氢气，将能量以氢能的形式暂存起来，等用电高峰时再作为补充能源来灵活使用。

将氢能变成电能的另一种方式

氢燃料电池是利用氢能的另一种形式。氢燃料电池中的氢并不是直接被燃烧，而是在与氧的结合过程中，将化学能直接转化为电能。这个过程无污染、无噪声、效率高、零排放。近些年，氢燃料电池作为有望取代汽油、柴油的新型清洁动力，被广泛用于汽车制造行业。

与传统电动汽车相比，氢燃料电池汽车具有一些明显优势。比如：氢燃料电池汽车搭载的不是储存电力的电池，而是具备发电能力的“电厂”，因此续航更加有保证；当续航能力不足时，给汽车补充的能源是气态或液态的氢；与锂电池电动汽车充电时间长相比，氢燃料电池加注氢的时间很短，加氢5分钟，就能让汽车行驶500～1 000千米。

不加油，加氢

加氢站是指为氢燃料电池汽车提供氢气的服务场所，在这里，不同来源的氢气通过压缩机增压储存在站内的高压罐中，再通过加气机加注到氢燃料电池汽车中。截至2022年底，全球共有814座投入运营的加氢站，从位置分布来看，主要集中在亚洲、欧洲和北美洲。截至2023年5月，我国已建成加氢站350座，数量居全球第一。2022年的统计数据表明，我国在营加油站的数量约为10.8万座，随着新能源汽车的不断普及，这个数字估计会不断减少。

氢能并不都低碳

我们根据氢能的产生方式将氢能分为几种：
灰氢
蓝氢
绿氢

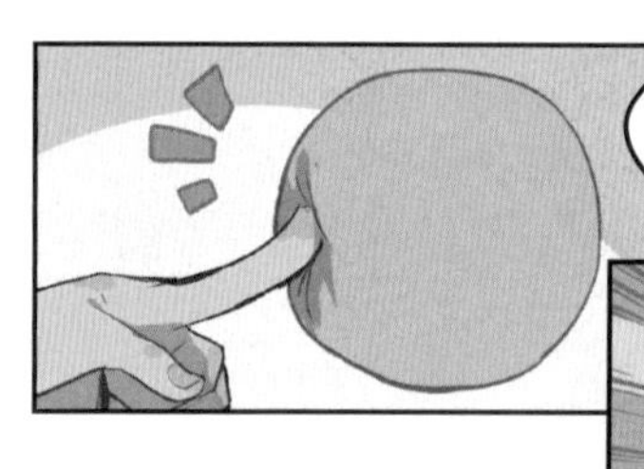

我是灰氢，由化石能源制造，虽然会排放碳，但制造成本低！

我是蓝氢，也由化石能源制造，但我的碳排放由CCUS*来处理，可以算低碳氢。

我是绿氢，以可再生能源电解水的方式制取，全程零碳无污染！

*CCUS，指二氧化碳捕集、利用与封存技术。

氢能是理想的可再生清洁能源，但它不同于化石能源、太阳能、风能等原本就存在于自然界中的一次能源。氢能与电能一样，都是由一次能源转化得到的二次能源，所以它们能否被普及应用，在很大程度上取决于原料的价格。电力之所以能够在我们的生活中有如此广泛的应用，就是因为用来发电的能源相对便宜。

制取氢气的最优选择是用可再生能源电解水制绿氢，但最便宜的选择是用化石能源制灰氢。目前灰氢的价格仅为绿氢的1/3，在全球人工制取的氢气中，有一半以上都是灰氢。

碳中和时代的顶梁柱

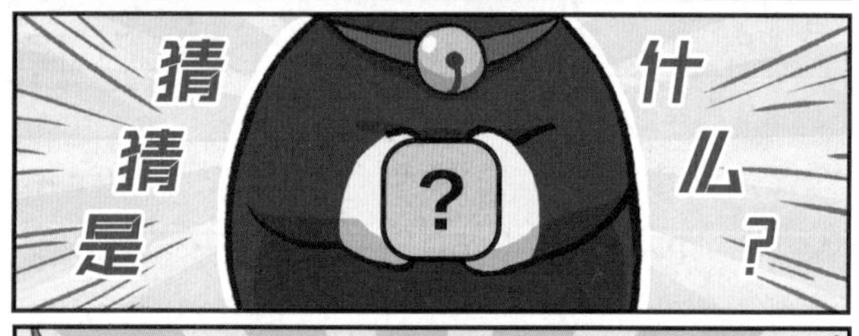

人类对于能源的需求是永无止境的，这种需求与人类社会的发展密不可分。然而，传统化石能源的不可再生性决定了它们终有一天将无法满足人类的能源需求。与此同时，日益突出的全球变暖问题也让人们深刻意识到，只有改变目前的能源类型，才可能真正从根本上消除人为排放的温室气体对环境的影响。

太阳能、风能、水能等可再生清洁能源是未来能源利用的发展方向。过去的十几年间，在全球的共同努力下，一些可再生清洁能源的价格实现了快速下降：据统计，2019年全球太阳能光伏发电价格较2010年下降了81.6%，2019年陆上风力发电价格较2010年下降了38.4%，两者的价格都已经低于化石能源发电的价格。但可再生清洁能源供能的波动性问题，仍是它们不可回避的短板。显然人类不会根据日出日落、风大风小来调整用电量，那么只能通过人为储能方式，让可再生清洁能源平稳供电——储存多余的能量，并在需要的时候释放。虽然如今的储能方式多种多样，储电能力也有大幅提升，但距离储存足够电量以解决全球因可再生清洁能源供电波动性而引发的用电困扰，还非常遥远。

在能源转型的道路上，我们势必会面临许多挑战和困难。但是在不断的探索中，许多令人难以置信的科技产品和富有创意的新事物正不断涌现，它们逐渐被应用到我们的日常生活中，改变我们的生活方式，并引领和帮助我们走进全新的碳中和时代。

·第六章·

穿衣中的减碳“黑科技”

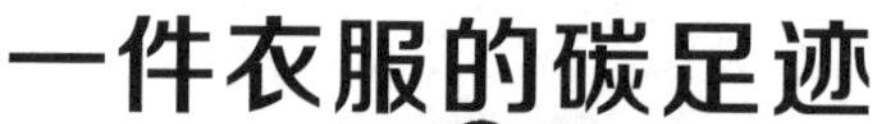

一件衣服的碳足迹

说要保护环境，为啥还买这么多衣服！

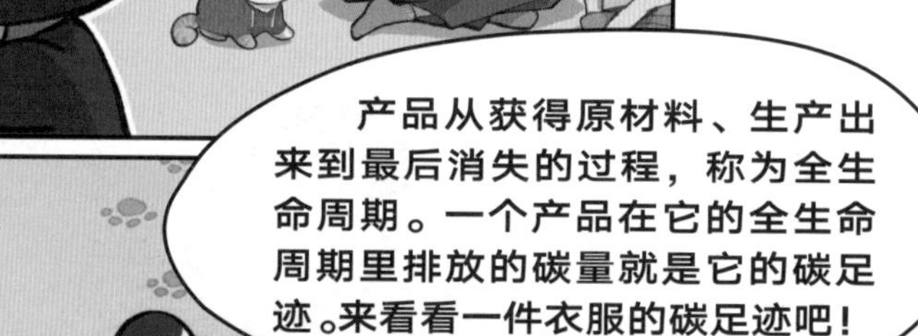
产品从获得原材料、生产出来到最后消失的过程，称为全生命周期。一个产品在它的全生命周期里排放的碳量就是它的碳足迹。来看看一件衣服的碳足迹吧！

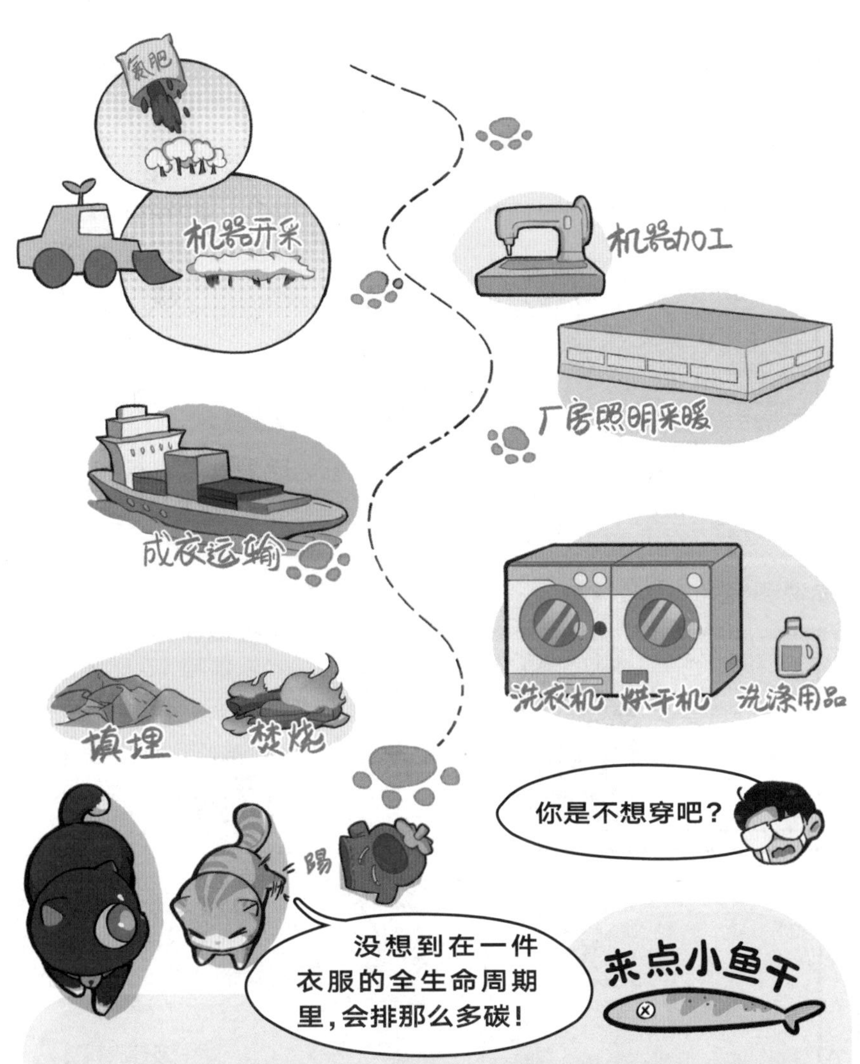

来点小鱼干

我们身边的每一件产品都不是凭空而来的，从原料的获取、产品的制造，到日常的使用和最终的处理，每个环节都会涉及不同形式的能源消耗，也就是每一步都会留下相应的碳足迹。所以当我们评价一件产品到底造成了多少碳排放的时候，需要考虑的是从源头到终结的整个过程，也就是要对其全生命周期的碳足迹评价。这能够帮助企业有效追踪碳排放，制定碳减排方案，以及加速达成碳中和的目标。

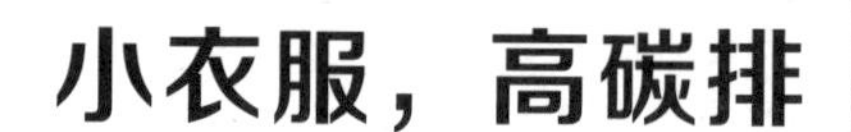
小衣服，高碳排

×××百货
冬装换季打折
我早就想买这件大衣了。

你说哪件好？

2021年全球纺织行业排放的温室气体总量超10亿吨。

2022年的数据表明，现代人人均拥有的衣服数量已经是他们祖父母辈的6倍。

为了追赶潮流，快时尚行业需要更快的生产速度，这也造成了服装行业温室气体排放量的增加。

每天，全球都有数以万计的衣服在经历制造、运输、销售和废弃等环节，这些环节都会涉及温室气体排放。2019年，纺织服装行业已成为仅次于石油行业的第二大污染行业，它的温室气体排放量已经超过国际航班和海运的排放总量。普普通通的纺织服装行业为何会有这么高的排放量？

造成这一局面的主要原因是现在服装的生产成本越来越低、生产速度越来越快，同时每件衣服的使用周期也越来越短。其实，对个人来说，降低纺织服装行业温室气体排放量最简单的手段就是延长衣服的使用寿命。如果每件衣服的寿命延长一倍，那么大约可以减少该行业目前一半的温室气体排放量。

同是衣服，碳排大不同

买哪件好呢？

生产不同面料纺织品的温室气体排放量：

平均1千克棉质纺织品：18.1千克

平均1千克丝绸纺织品：18.7千克

平均1千克羊毛纺织品：23.6千克

聚酯纤维

平均1千克聚酯纤维纺织品：25.7千克

我买棉质这件，最低碳。
还有更低碳的亚麻面料。

由于原料来源和生产工艺不同，不同服装面料单位质量的温室气体排放量也不尽相同。在所有面料中，聚酯纤维的温室气体排放量不容小觑，因为聚酯纤维原料主要是通过石油裂解得到的，所以生产聚酯纤维消耗的能源和产生的污染物都相对较多。但聚酯纤维制成的衣服也有很多优点，比如价格低廉、坚韧耐用、抗皱免烫、恢复力强等。因此，聚酯纤维面料受生产商和消费者喜爱的程度，远超过棉麻等低碳纤维面料。

少点颜色，少点碳

印染环节是整个服装生产流程中能耗、水耗和废水排放量最大的环节，同时也是温室气体排放量最大的环节。平均每千克不染色的棉质服装在生产过程中的温室气体排放量为18.1千克，如果加上印染环节，那么该数值则会达到28.6千克。

同时，纺织业生产与水密不可分，几乎所有的化学加工过程包括印染都与水相关。处理1吨纺织印染废水的温室气体排放量为9.9千克，而同样处理1吨城镇污水的温室气体排放量为0.335千克。

洗衣减碳大闯关

对一件衣服来说，只关注它生产过程所涉及的碳排放还不够。在一件衣服的碳足迹中，1/2以上的碳排放都发生在消费者购买后的使用阶段。这是由于目前依靠化石能源发电驱动的洗衣机、烘干机、熨烫机，以及各种洗涤用品的生产，都直接与碳排放挂钩。比如，一台普通洗衣机的平均功率通常是300瓦，但带烘干功能的洗衣机，平均功率要大于1 000瓦。若洗完衣服后再烘干，机器通常还要再工作1小时以上，这个过程不仅时间长，而且耗能多。特别是对于那些用化石能源供电的洗衣机来说，这还意味着大量的碳排放。对于消费者而言，冷水洗衣、满负荷洗衣、自然晾干是降低服装使用阶段碳排放的推荐做法。

衣服上的微塑料“跑进”人体里啦！

他也是塑料做的？
这是微塑料，2018年科学家首次在人体粪便中检测到它。

人体内的微塑料从哪儿来？
从吃的、用的中来，还有可能从空气中来。就衣服来说，人们穿着最多的是聚酯纤维面料的衣服，微塑料就是从这种面料上脱落的。
据2015年数据，每年因为洗衣服会有50万吨超细纤维流向海洋。微塑料不会被大自然分解。

海洋中的浮游生物、鱼类等都可能直接或间接（通过食物链）摄取海水中的微塑料。人吃了这些鱼，微塑料就会“跑进”人体内！

你凑那么近，是看什么？
鱼干。

微塑料指的是直径小于5毫米的塑料颗粒，肉眼对其难以分辨，它们通常存在于海水中，因此，又被形象地称为“海中的PM2.5”。日常生产生活中，微塑料的来源很多，比如在洗涤面料含有聚酯纤维成分的衣物时，就会有大量微塑料脱落。这些脱落的微塑料与造成白色污染的塑料袋一样，在自然环境中能够存在百年之久。它们可能会通过食物链的传递，最终进入人体。在2018年的欧洲胃肠病学会议上，研究人员就报告称，首次在人体粪便中检测到9种直径在50～500微米之间的微塑料。

回收的旧衣都去哪儿了？

衣服进箱子后会到哪儿去？
旧衣回收
安装上鱼眼定位器你就知道了。

捐赠或出口

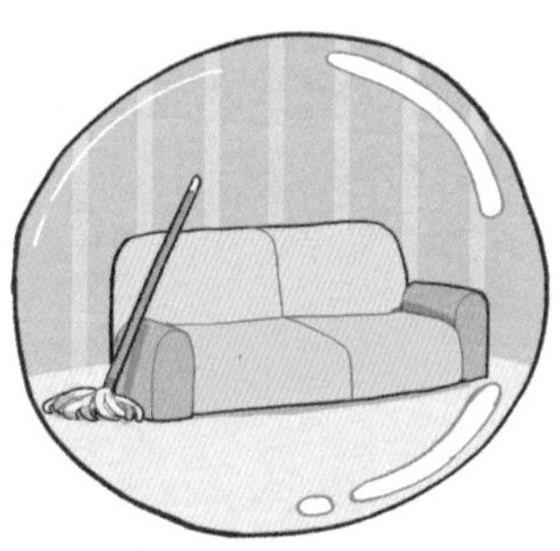

做成沙发填充物、拖把等

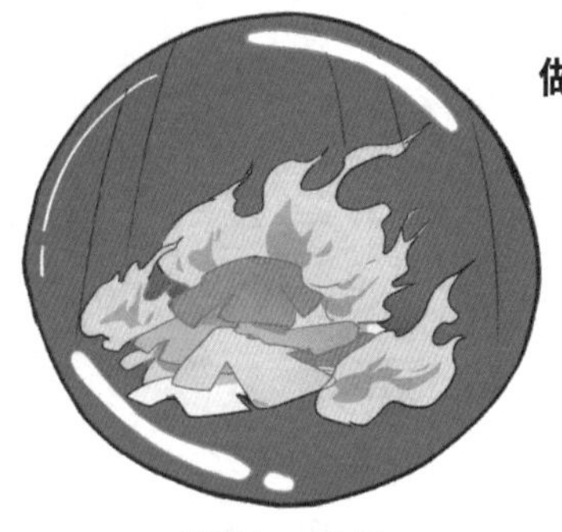

填埋、焚烧

将衣服回收再利用，能有效降低重复制造所造成的过度碳排放。全球每年生产约1 000亿件衣服，其中将近60%在一年内就可能被遗弃。大部分被遗弃的衣服，最终命运是进入垃圾填埋场或焚化炉。在美国，约有七成的服装废弃品以填埋的方式被处理。然而，填埋和焚烧都会继续导致温室气体的排放。为了帮助人们建立低碳意识，并对衣服的使用周期有正确的认知，衣服的“碳标签”已经悄然出现。它是每件衣服的“身份”证明，除去基本的面料信息外，它上面还会标注面料产地、面料碳排放数据等信息。

蔬果也能做衣服

“香蕉”背包

由芭蕉科植物的纤维制成

“菠萝”钱包

由菠萝叶纤维制成

“蘑菇”手提包

由蘑菇根部的菌丝体制成

好神奇。

第二天

无论是天然纤维、人造纤维还是合成纤维，各种服装面料的生产过程都不可避免地会产生碳排放。然而，如果我们调整思路和眼光，还是能够发现身边存在很多优质的低碳面料。Bananatex是一种以芭蕉科植物蕉麻的纤维为原料而制成的防水面料，是可持续发展林业经济的产物；Mylo则是一种以蘑菇根部的菌丝体为原料制成的面料，旨在实现人造皮革由化工产品向生物产品的转型；Materials公司开发了一种由天然菠萝叶纤维制成的面料，其耐用性、透气性和柔韧性都非常好，目前已被全球500多个品牌选择使用。

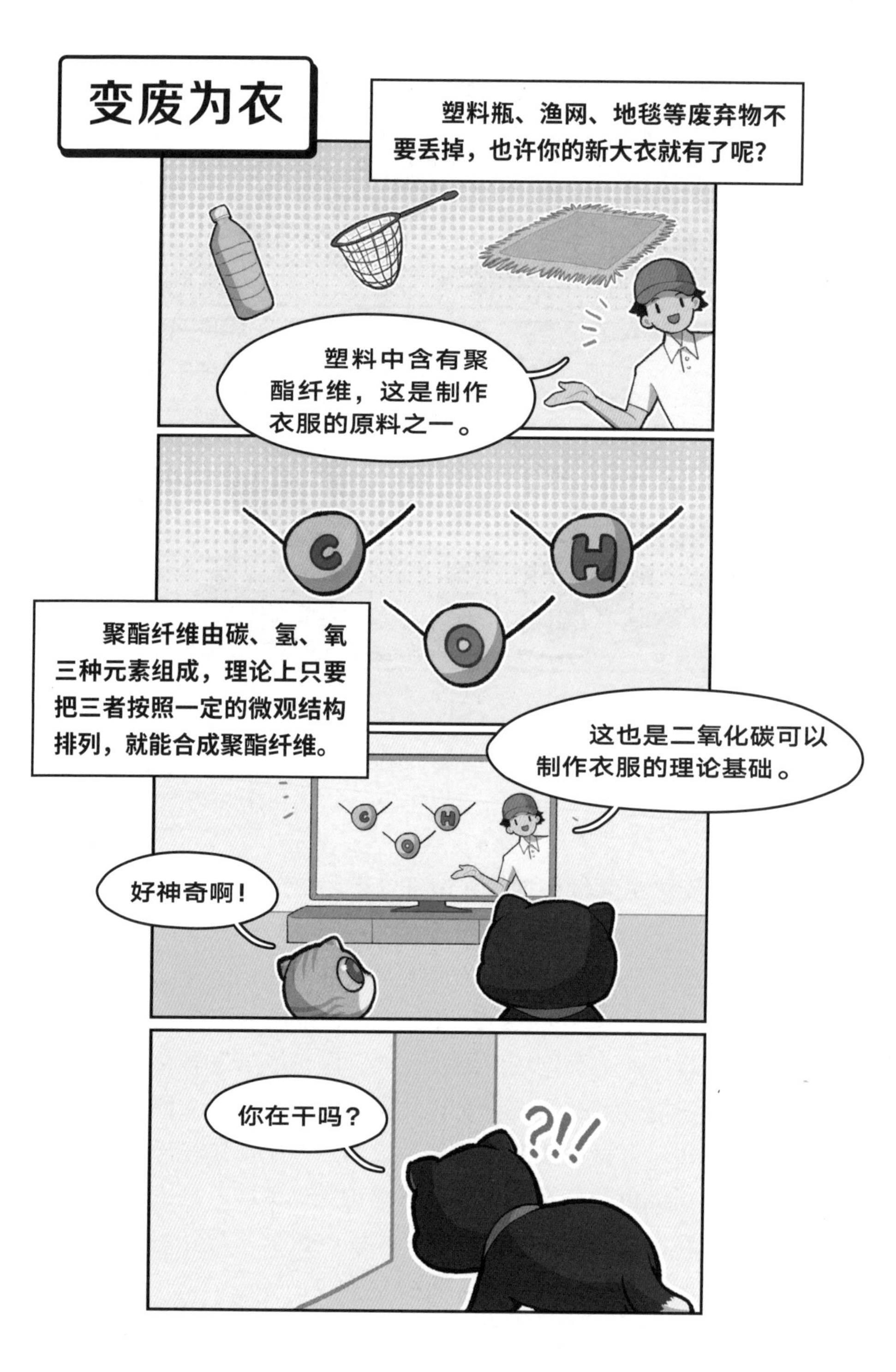
变废为衣
塑料瓶、渔网、地毯等废弃物不要丢掉，也许你的新大衣就有了呢？
塑料中含有聚酯纤维，这是制作衣服的原料之一。
C
H
O
聚酯纤维由碳、氢、氧三种元素组成，理论上只要把三者按照一定的微观结构排列，就能合成聚酯纤维。
这也是二氧化碳可以制作衣服的理论基础。
好神奇啊！
你在干吗？
?!!

再生聚酯纤维面料是一种新型的环保面料，其纱线是从废弃的矿泉水瓶和可乐瓶中提取制成的，所以又被称为“可乐瓶环保布”。再生聚酯纤维的生产本质上是一种废物利用行为，能够有效减少石油使用量——生产1吨这样的环保纱线可以节约6吨石油，因此这种面料受到许多时尚品牌的青睐，大家选择用再生聚酯纤维面料代替原始聚酯纤维面料。此外，废弃的渔网、织物废料、地毯和工业塑料等从垃圾填埋场和海洋垃圾中回收的塑料制品，也可以作为生产再生聚酯纤维的原料。

会呼吸的衣服

这是叶绿体衣，还在实验阶段，我借来穿穿。
你在扮演植物吗？

光合作用就是植物体内的叶绿体在发生作用！
绿色植物通过光合作用，吸收二氧化碳，呼出氧气。

把叶绿体提取出来，“编织”进衣服里，这样我走到哪儿都能吸收二氧化碳，释放氧气。

植物通过叶片的光合作用不断吸收大气中的二氧化碳，在维系地球碳循环平衡中扮演着重要角色。人造树叶由叶绿体和蚕丝蛋白制成，它的作用与树叶的光合作用机理相似，也能够在阳光的照射下，吸收二氧化碳并产生氧气。人造树叶为缓解全球变暖、实现碳中和，提供了一个可能的人工解决方案。未来，如果光合作用在服装、装饰品和建筑物上都能被加以应用的话，那么人们便能随时随地呼吸到新鲜空气，甚至连在太空行走都将不再是一件“沉重”的事了。

·第七章·

饮食中的减碳“黑科技”

餐桌上的碳排放

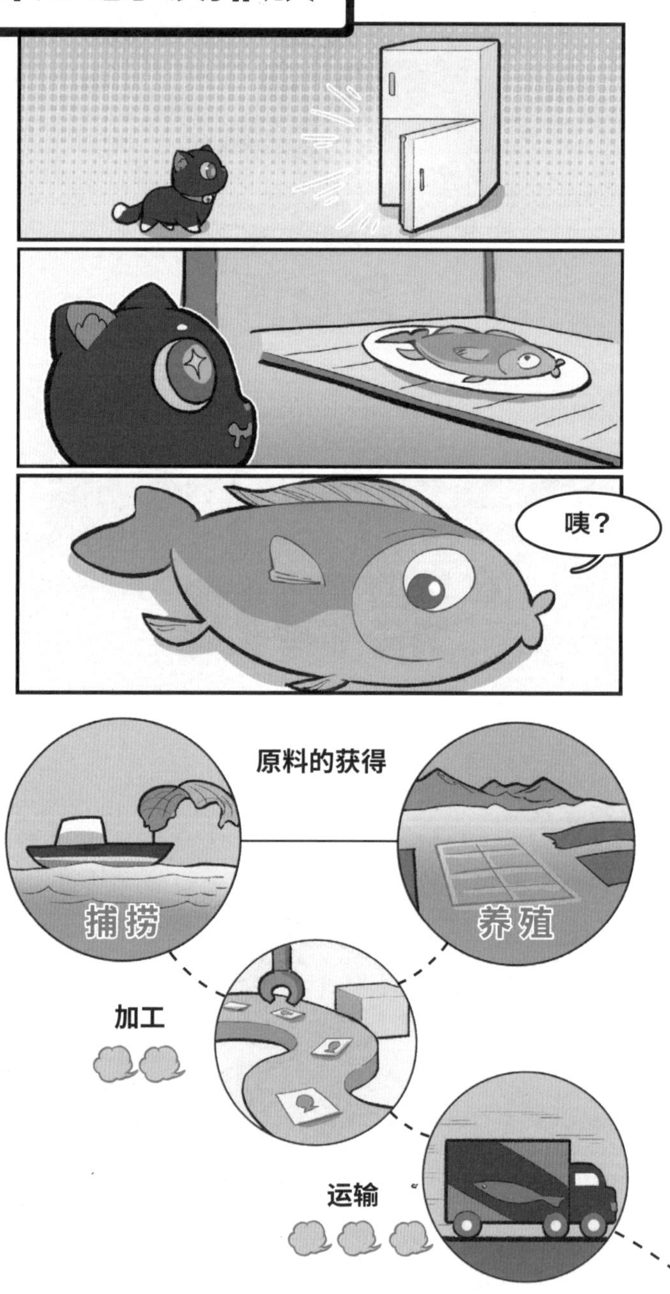

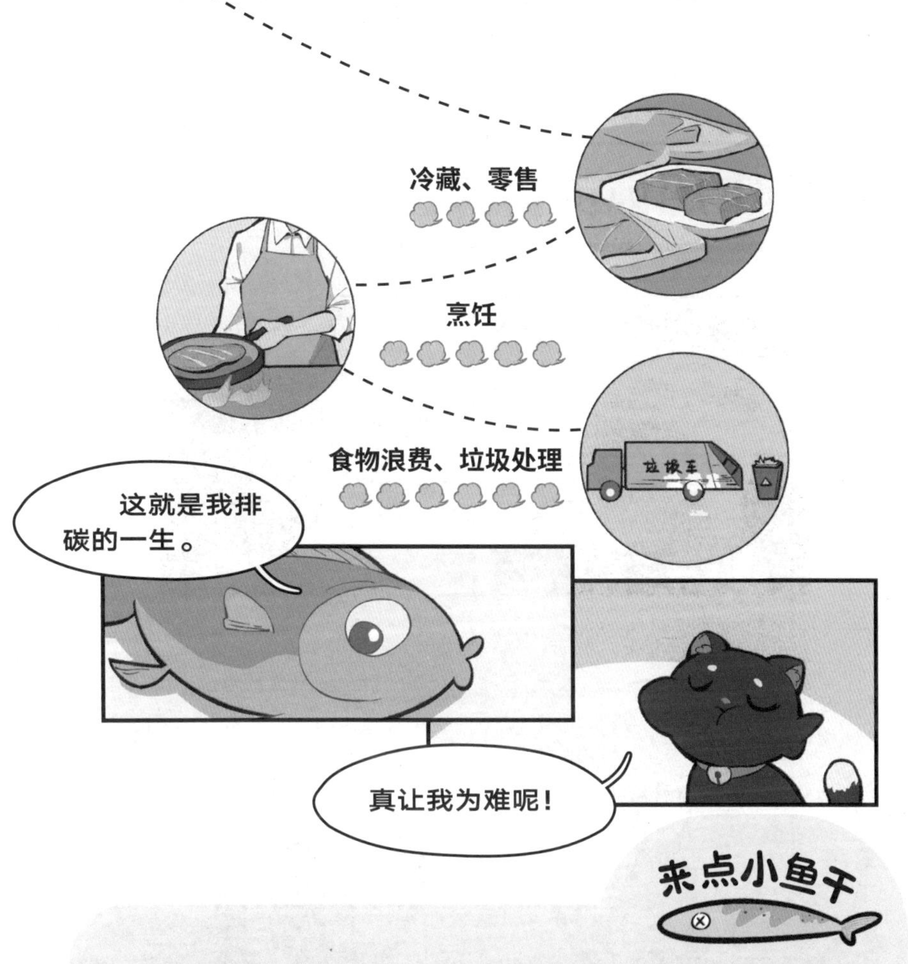

来点小鱼干

食品行业的温室气体排放量，约占全球人为温室气体排放量的1/4以上。该行业产生排放的主要环节包括原料生产、饲料生产、加工、交通运输、包装零售、垃圾处理等环节。人类为了获取肉类、奶制品、蛋类、海鲜而饲养动物造成的排放占比最高，约占食品行业温室气体排放总量的1/3。农作物生产的温室气体排放量占比排第二位。排在第三位的是由于饲养和种植带来的土地利用类型改变，比如砍伐森林将其变为牧场的行为造成的温室气体排放量，大约占到食品行业排放总量的1/4。人类为了吃到底饲养了多少动物呢？科学家对地球上的生物量进行了估算，发现人们饲养的牲畜与野生哺乳动物的比例是15.5：1，家禽与野生鸟类的比例是2.5：1。

口味决定你的排碳量

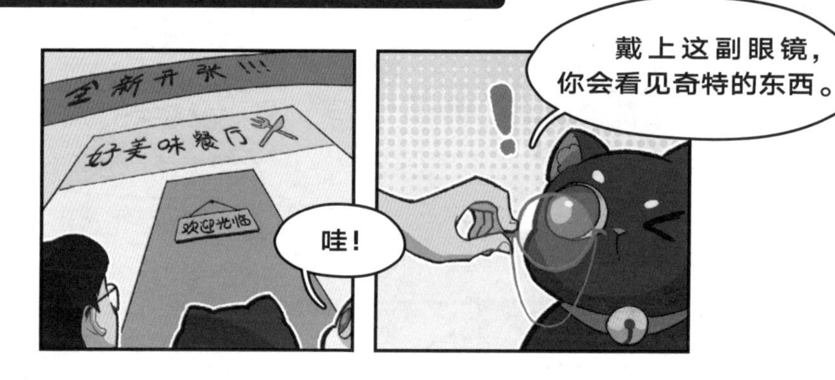

爱吃牛肉的人

营养均衡的人

碳排放量

蛋奶素食者

全素食者

来点小鱼干

我们无法控制随着人口增加而上涨的粮食需求，也不能阻止人们为了追求更高的生活品质而带来的肉食摄入量的上涨，更不可能清除反刍动物的消化系统经自然进化后仍保留的产甲烷机制。但是作为消费者，我们仍然可以去了解与各类食品相关的温室气体排放情况。

全球每年每人在饮食上导致的温室气体排放量约为2吨，喜欢吃肉的人这个数值会更高，而完全的素食者该数值则偏低。不过也无须为了低碳而变成完全的素食主义者。从营养角度而言，吃肉主要是为了获取蛋白质，而能够提供蛋白质的肉类并不都那么高碳。比如，与每千克猪肉、鸡肉和养殖鱼肉相关的温室气体排放量就分别约为与同等质量牛肉相关的温室气体排放量的1/8、1/10和1/7。当然，与富含植物性蛋白质食品相关的温室气体排放量会更低，比如，与每千克豌豆相关的温室气体排放量仅为0.98千克。如果想减少自身饮食对气候的影响，我们可以选择以鸡肉和猪肉代替牛肉，或尽量多吃坚果、豆类等富含植物性蛋白质食品。

肉类里的排碳大户

为什么与牛肉相关的温室气体排放量这么高？

氮肥
养牛要砍伐森林，草地还要施氮肥。

牛打嗝和放屁都会产生温室气体。

牛肉、牛奶的需求量通常较大，比如美国人就偏爱牛肉不爱羊肉，且爱喝牛奶。

反刍动物在进食以后，会将胃中半消化的食物返回嘴里再次咀嚼，这种消化方式就是反刍。牛虽然是“素食主义者”，但作为反刍动物的代表，与单位质量的牛肉相关的温室气体排放量高得惊人。这一方面是因为牛打的嗝、放的屁中都含有大量甲烷，另一方面是因为养牛通常需要广阔的牧场和充足的牧草。为了饲养更多的牛，森林被砍伐开辟为牧场，大量肥料被使用以促进牧草生长，这让原本具备固碳能力的森林变成了碳排放源。2019年，全球热带地区约有2.1万平方千米的森林被砍伐用于养牛，这个面积大约相当于半个荷兰的面积。

与海产品相关的碳排放

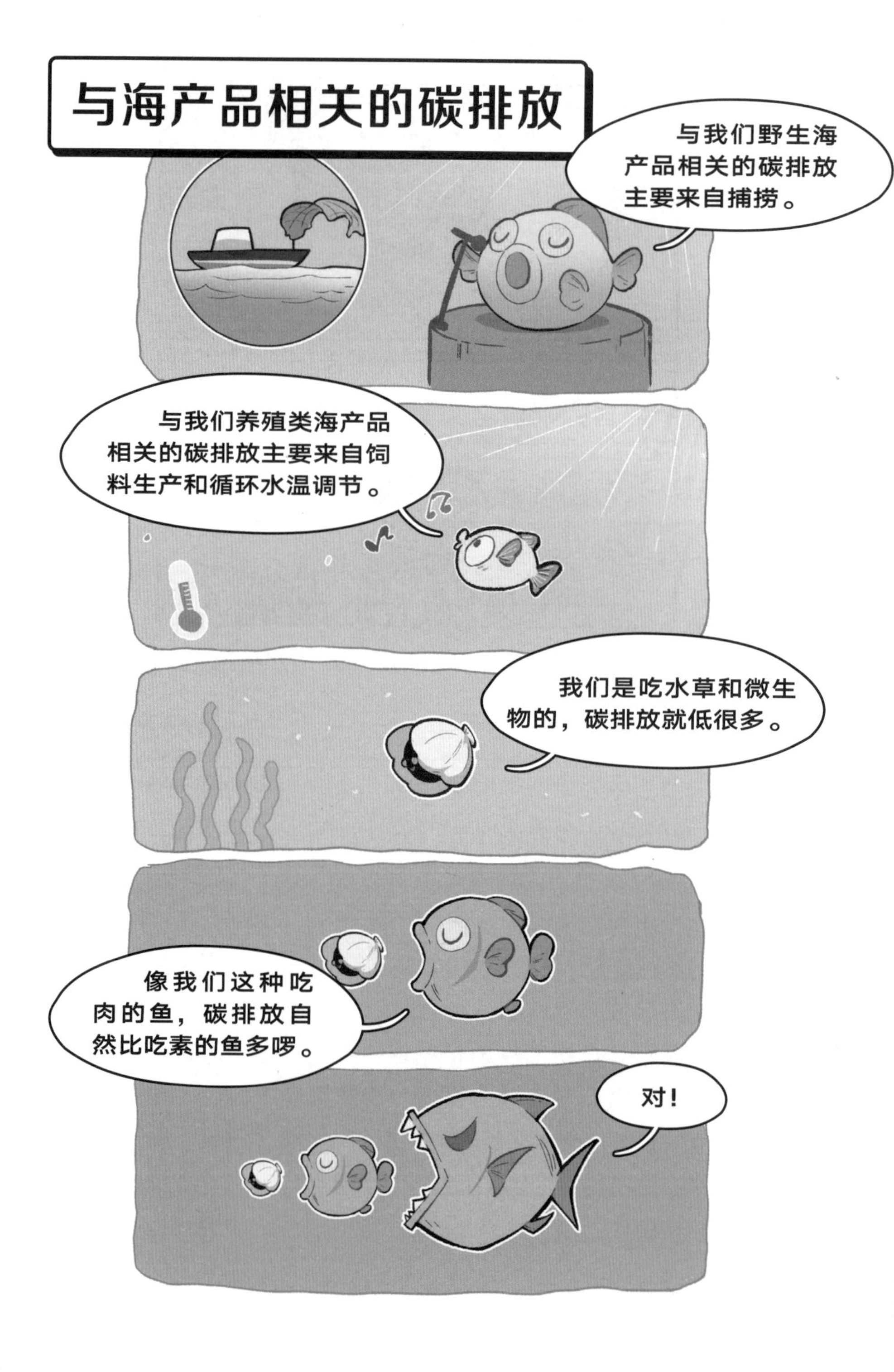
与我们野生海产品相关的碳排放主要来自捕捞。
与我们养殖类海产品相关的碳排放主要来自饲料生产和循环水温调节。
我们是吃水草和微生物的，碳排放就低很多。
像我们这种吃肉的鱼，碳排放自然比吃素的鱼多啰。
对！

对野生水产品来说，相关温室气体排放的90%来自船用燃料和拖网动力的消耗。而对于养殖水产品而言，养殖阶段的温室气体排放主要来自养殖场的能源消耗，比如调节循环水的能耗、饲料生产等。

不同品种的养殖类水产品，其碳足迹各不相同。比如，每千克鳕鱼、三文鱼和沙丁鱼的碳足迹分别是3.15千克二氧化碳当量、1.11千克二氧化碳当量、0.74千克二氧化碳当量。所以，对于不想完全拒绝肉食的人来说，一些排碳低、高蛋白的养殖类海产品，是非常不错的选择对象。此外，一些滤食性贝类在生长过程中，不但不用投喂饲料，还是天然的固碳“神器”。这是因为贝壳的主要成分是碳酸钙，它的形成需要从海水中吸收溶解的二氧化碳，从而将二氧化碳长时间封存。

蔬果消费里的温室气体排放

现摘的草莓真新鲜！
你知道在生产和消费水果的过程中也有温室气体排放吗？

!
这里面有很多环节会排放温室气体。

进口水果

运输过程导致排放。

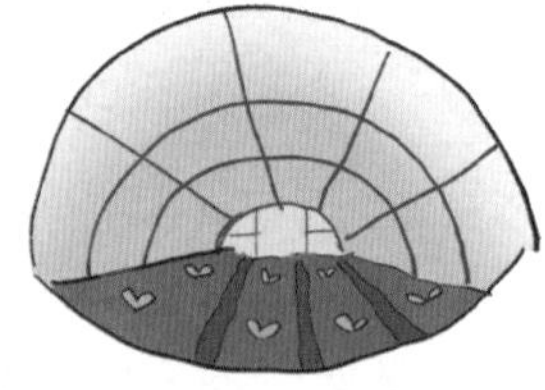

大棚种植的反季水果

营造水果生长所需的湿度和温度环境而造成排放。

种植过程碳排放高的水果

灌溉设施的运行会产生排放。牛油果的种植需要大量的水，它的碳足迹是草莓的2.4倍。

“公摊”过大的水果

这些水果可食用比例不高，扔的比吃的还多，废弃物处理阶段碳排放是个大问题。

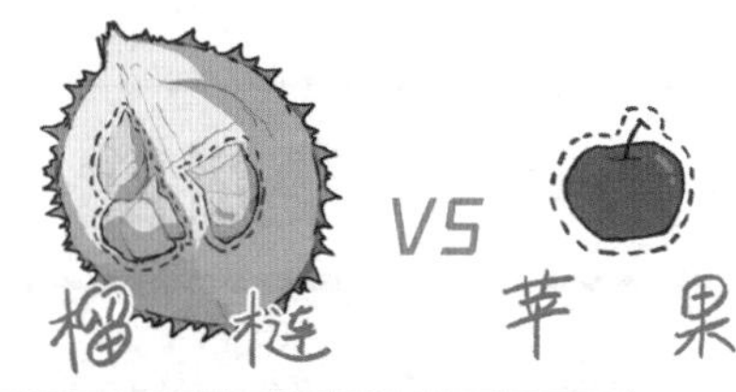

榴梿
VS
苹果

那我只吃一口草莓就好了。

来点小鱼干

植物性食品相关的温室气体排放量通常小于动物性食品的温室气体排放量。这是因为植物性食品在土地利用、农场管理、交通运输、零售包装等环节导致的排放量更小，而且不像生产动物性食品一样存在生产动物饲料排放温室气体的问题。不过，素食是否就意味着低碳？答案是，不一定。

平均1千克草莓的碳足迹是0.58千克二氧化碳当量，但是平均1千克来自温室大棚的草莓的碳足迹会达到1.64千克二氧化碳当量。维持大棚草莓生长所需的温度、湿度的电力消耗，造成了多出来的这部分排放量。此外，一些依靠飞机、轮船等交通工具远渡重洋运送的水果，也会由于运输中交通燃料消耗而变成高碳水果。

一条鱼被浪费的一生

今天我是一条鱼，我想表演一条鱼被浪费的一生。

食品浪费造成的碳排放=生产它的碳排放+处理它的碳排放

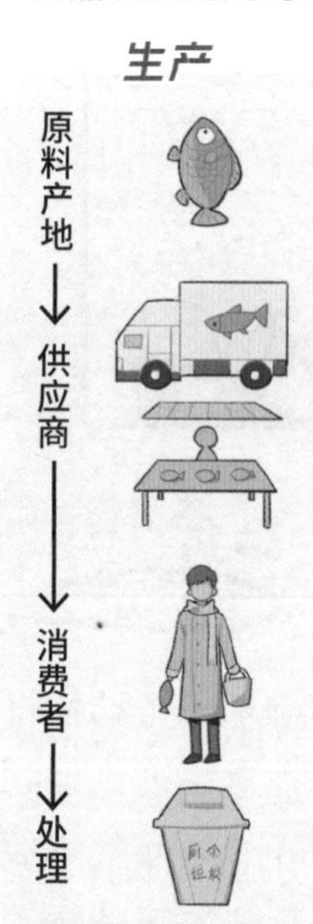

如果食物没有被食用，那生产它造成的碳排放也被浪费了。
处理被浪费的食物还会产生碳排放。这就是一条鱼被浪费的一生。

与服装行业情况类似，人们在努力生产越来越多的食物的同时，也在越来越随意地浪费着食物。2016年，全球食品生产造成的温室气体排放总量近140亿吨，约是航空业的14倍。为了生产食物，人们消耗了大量土地、淡水、能源和肥料。在全球无冰、无沙漠覆盖的陆地面积中，有近46%被用于食品生产，70%的淡水抽取量被用于农业，而全球每年扔掉的食物大约占到总生产量的1/3。如果说生产食物是为了满足人类的基本需求，那么浪费辛苦得来的食物，就显得令人难以接受了。与食品相关的温室气体排放对于环境的影响，是由食品的生产者和消费者共同造成的。减少与食品相关的温室气体排放量，将是我们未来几十年面临的巨大挑战。

让烂蔬果变废为宝

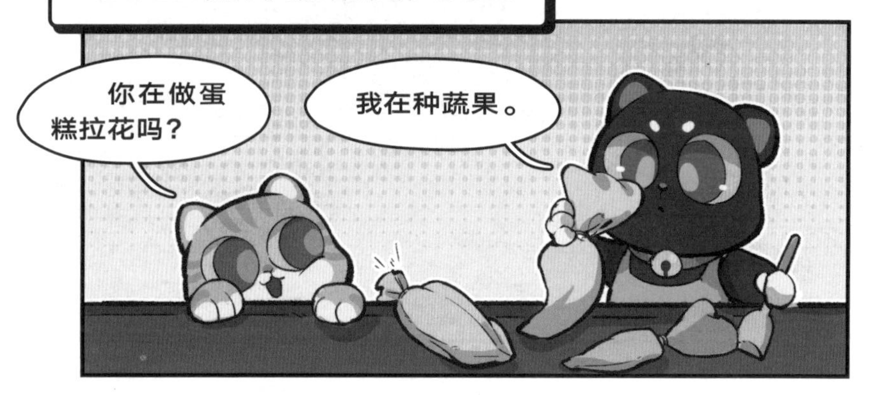

通过以下几个步骤，可以获得新鲜蔬果：

① 收集废弃的蔬果。

② 用生鲜垃圾处理机将它们制成肥料。

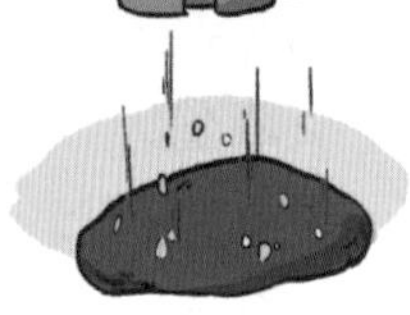

③ 在上一步做好的肥料里加入蔬果的种子。

④ 用可降解的包装纸将肥料、土壤和种子的混合物包装好。

食品浪费主要发生在以下几个方面：运输和加工环节中因为储存不当、处理不佳所造成的变质，以及被商家和消费者丢弃。在以填埋的方式处理食品垃圾时，还会产生大量二氧化碳、甲烷等温室气体。从全球范围看，蔬菜和水果被浪费的比例超过肉类。据统计，从收获一直到零售环节，大约有22%的蔬菜和水果被浪费掉。为减少食物浪费带来的环境影响和问题，全球许多国家和地区都在探索多样化的解决方法。我国大力倡导“光盘行动”，减少餐饮浪费；美国为处理食物废弃物制定了专门的管理层级；欧盟持续完善食物浪费管理法律体系；韩国推行厨余垃圾计量收费制度；日本则对食物加工环节废弃物的产生进行严格管控……如何减少食品浪费，并妥善处理厨余垃圾，是全球共同面临的挑战。

我很丑，但我有营养又便宜

哇！

这孩子
在干吗？
不知道。

破相的胡萝卜
失败的柠檬
毁容的茄子
鞠躬的黄瓜
来买呀，很丑但很可
口的蔬果都在这里啊！

你知道吗？全球每年的蔬菜和水果有20% ～ 40%根本没有机会上餐桌。除了运输和储存不当导致变质这一原因外，还有一部分原因是这些蔬菜和水果长得“与众不同”。它们因为形状不正常、颜色奇怪，或者表皮上有瑕疵，就被判定为“丑家伙”而进入垃圾桶，甚至从摘下就开始等待腐烂。不过，法国大型连锁超市Intermarché想到了一个萌点子，让丑果成为新时尚。这个超市将顾客挑剩的丑蔬果收集起来，给它们取上诙谐有趣的名字，并做成海报。海报的主角正是这些“可笑的土豆”“狰狞的橙子”“失败的柠檬”“破相的胡萝卜”“毁容的茄子”……虽然丑，营养价值却不打折扣，而且价格还更便宜，为什么不买呢？

二氧化碳真“好吃”

淀粉是大多数粮食作物含有的重要的营养成分。

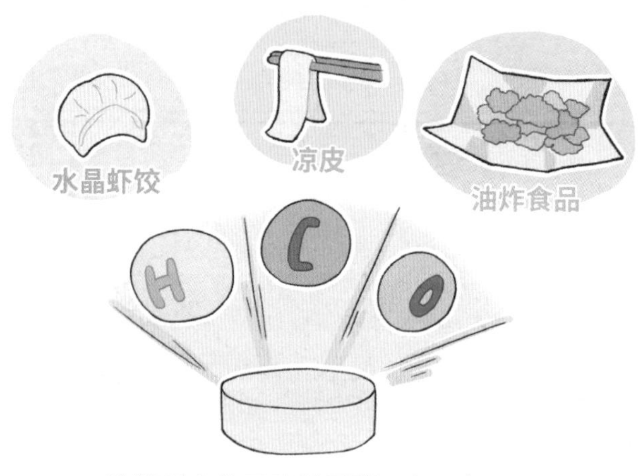

淀粉所含的元素就是碳、氢、氧

人工合成淀粉是以二氧化碳和氢气为原料，通过一系列还原—聚合反应，在酶的催化作用下生成的产物。

2021年，我国科学家在人工合成淀粉方面取得了重大颠覆性、原创性突破。这项刊登在世界权威刊物《科学》上的研究成果表明，温室气体二氧化碳可以被人们“吃掉”。

在日常生活中，淀粉不仅是能够提供能量的食物成分，还是重要的工业原料，被广泛应用于食品和药品的生产。但自古以来，人们获取淀粉都只能依靠农作物光合作用生成淀粉这种天然方式。这种方式耗时长且复杂，所以淀粉产量并不高，只能靠大面积种植来满足需求。现在，靠科技创新带来的人工合成淀粉技术，有效提高了淀粉的合成效率。此外，人工合成淀粉的分子结构与天然淀粉一致，味道也相差无几。

·第八章·

建筑中的减碳“黑科技”

房子持续排碳的一生

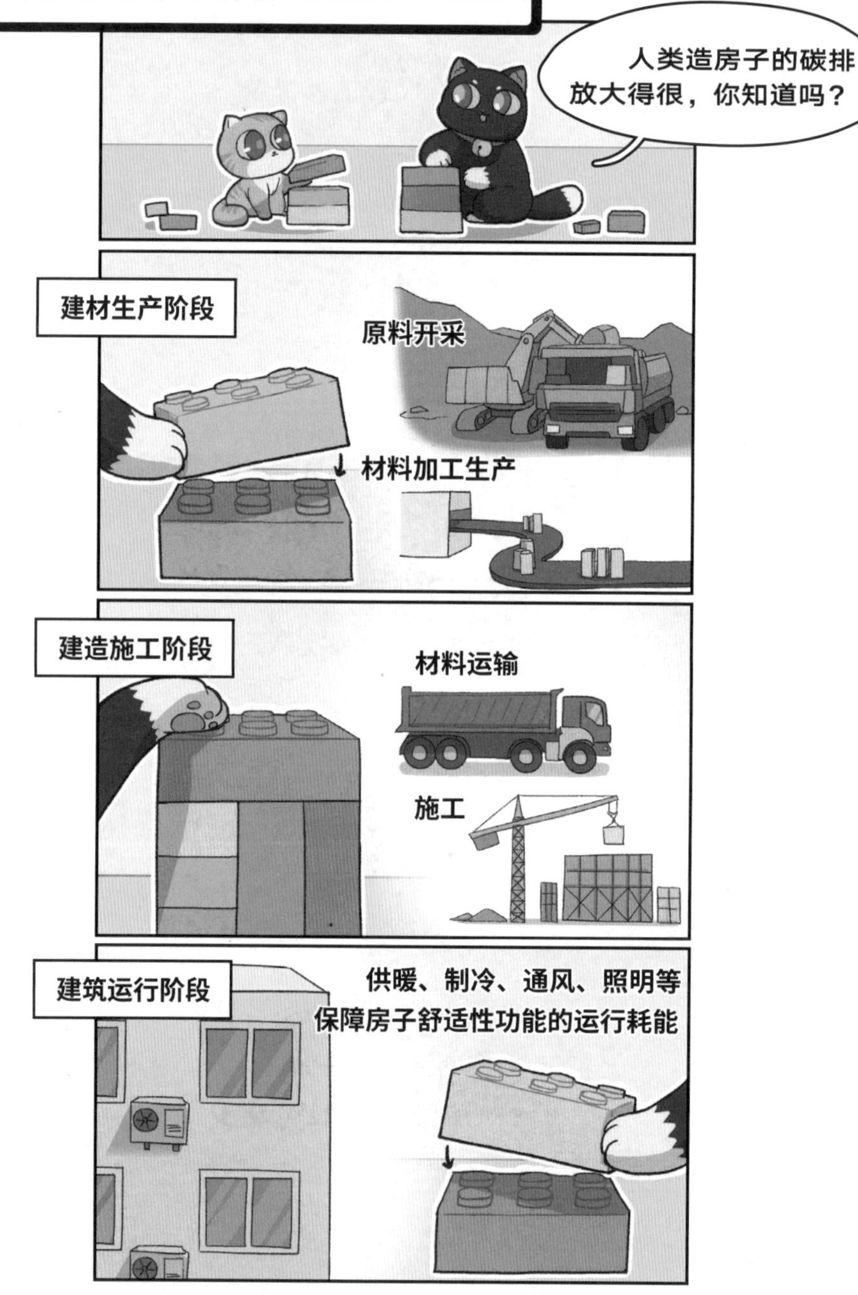

人类造房子的碳排放大得很，你知道吗？
建材生产阶段
原料开采
材料加工生产
建造施工阶段
材料运输
施工
建筑运行阶段
供暖、制冷、通风、照明等保障房子舒适性功能的运行耗能

人类造房子和用房子都在排碳，我们猫猫房就环保多了。
喵猫喵猫

住宅楼、教学楼、商场、宾馆、火车站、候机楼……建筑物无处不在。建筑领域的二氧化碳排放涉及建材生产、建造施工和建筑运行三个阶段。《2020年全球建筑及建筑业现状报告》显示，2019年建筑行业生产与建造阶段的碳排放量约为36亿吨，而建筑运行的碳排放量约为100亿吨。建筑运行的排放来自持续使用化石能源为建筑物供电、供暖，以及建筑炊事等活动。建筑物的设备运行消耗了全球用电量的55%。建筑节能减碳技术的全面应用是建筑行业实现碳中和的必由之路。

电器节能小妙招

冰箱

尽量避免与其他散热电器比如微波炉、蒸烤箱一起放置。不要塞得太满，不需要的瓶瓶罐罐和包装盒等可以取出，减少冰箱的保温负担。

空调

尽量不要选择在冬天使用，因为制热的功率更大，耗电量更高。

电热水器

夏天，不用把水温设置过高，温度够用即可。在同等条件下，水温设置在45℃～50℃之间比设置成75℃可节电1千瓦时。不使用的时候拔掉插头。洗澡前一个小时再打开加热。

电饭煲

用完后及时拔掉插头。经常擦洗电饭煲的底盘以减少锈斑，这样更节能。

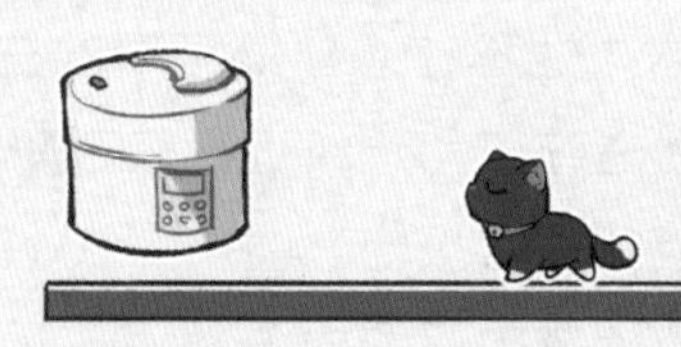

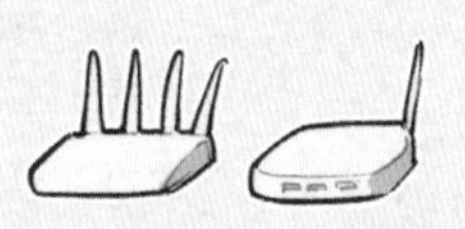

路由器和机顶盒

不用的时候关掉电源。

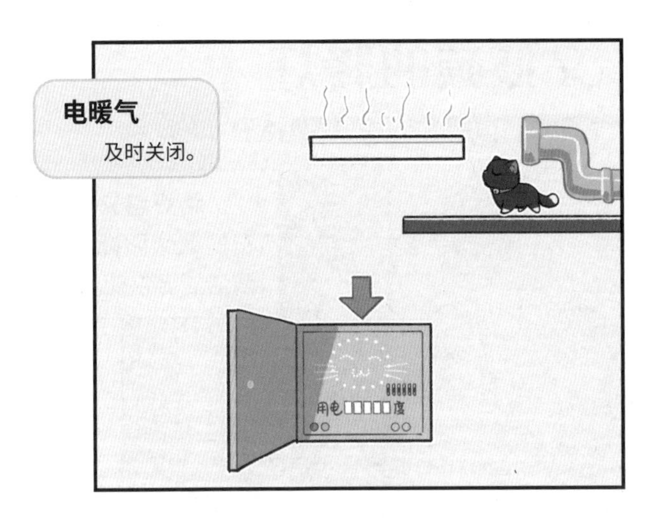

依照国际标准，碳排放分为直接碳排放、间接碳排放和隐含碳排放三种。2020年，我国建材生产阶段的二氧化碳排放量为28.2亿吨，占全国二氧化碳排放总量的28.2%；建筑施工阶段的二氧化碳排放量为1.0亿吨，占全国二氧化碳排放总量的1.0%；建筑运行阶段的二氧化碳排放量为21.6亿吨，占全国二氧化碳排放总量的21.7%。合理降低建筑运行阶段的碳排放是人人都可以做到的，比如，合理使用空调、冰箱、微波炉等家用电器，节约使用热水，采用更节能的烹饪方式等。

“聪明”又低碳的路灯

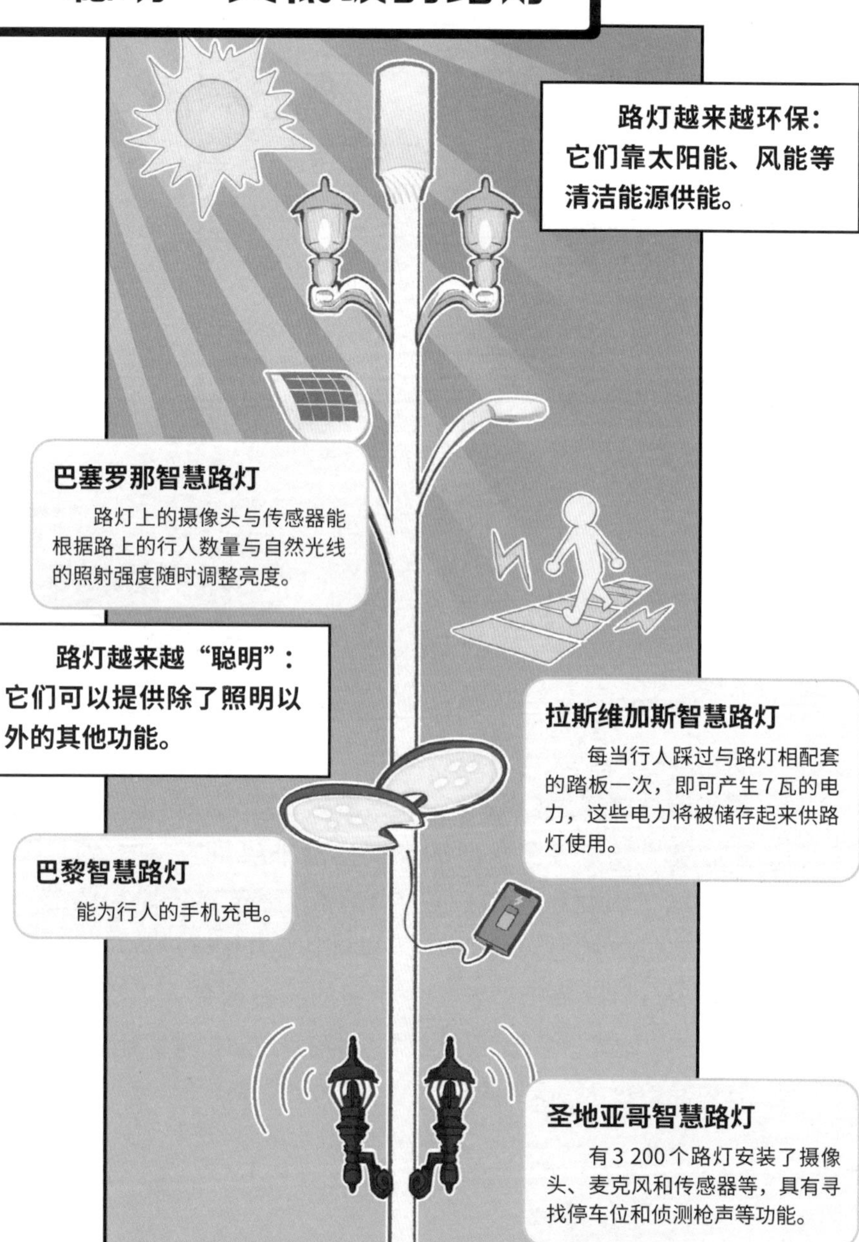

路灯越来越环保：
它们靠太阳能、风能等清洁能源供能。
巴塞罗那智慧路灯
路灯上的摄像头与传感器能根据路上的行人数量与自然光线的照射强度随时调整亮度。
路灯越来越“聪明”：
它们可以提供除了照明以外的其他功能。
拉斯维加斯智慧路灯
每当行人踩过与路灯相配套的踏板一次，即可产生7瓦的电力，这些电力将被储存起来供路灯使用。
巴黎智慧路灯
能为行人的手机充电。
圣地亚哥智慧路灯
有3 200个路灯安装了摄像头、麦克风和传感器等，具有寻找停车位和侦测枪声等功能。

截至2020年，全球大约有3.2亿盏路灯。在智慧路灯出现前，路灯每年的电力消耗相当于德国一个国家的用电总量。智慧路灯的出现，让这一情况得到了改善。智慧路灯不仅不耗电，还能供电。它们在白天收集太阳能并将其转化为电能储存下来，夜间为照明供电。还可以给它们配上传感器，让它们根据车流量自动调节亮度。此外，它们还充当汽车充电桩、报警器、汛期积水深度测量器和井盖位置定位器等。

如果全面普及智慧路灯的话，城市公共照明可以比现在减少80%的用电量。美国芝加哥自2017年实行智慧路灯更换计划，至2021年已减少了一半以上的用电量。意大利米兰自 2015 年以来已安装了13.6万盏智慧路灯，节省了50%以上的用电量，每年减少2.3万吨的二氧化碳排放。

旧房子只能拆吗？

北京798园区

过去——工厂

现在——艺术园区

上海荣宅

过去——私人府邸

现在——时尚品牌办公楼与展区

首钢园区

过去——工厂

现在——冬奥会组委会办公地

来点小鱼干

混凝土是当今使用最广泛的建筑材料之一，但与钢铁、塑料等材料可以回收再造不同，混凝土有个特性：一旦成型就意味着它被固化了，离开当前的使用场所即立刻变为废物。想要把混凝土重新分离成水泥、砂石进行再利用，有很高的技术要求。虽然现在也有把混凝土破碎铺路、筛选再制等工艺，但建筑被拆除后，大部分混凝土还是会变成很难清理的建筑垃圾。

其实，在安全有保障的前提下，旧建筑并非必须被拆除不可。比如，2022年北京冬奥会组委会办公地首钢园区，就是由以前的钢铁工业基地改造而成的。昔日的厂房、管道与现代艺术风格的咖啡厅、书吧在这里和谐地融为一体，变身成功的首钢园区是新时代首都城市复兴新地标，为奥运会贡献了一个奥运与城市可持续融合发展的生动案例。

二氧化碳造冰场

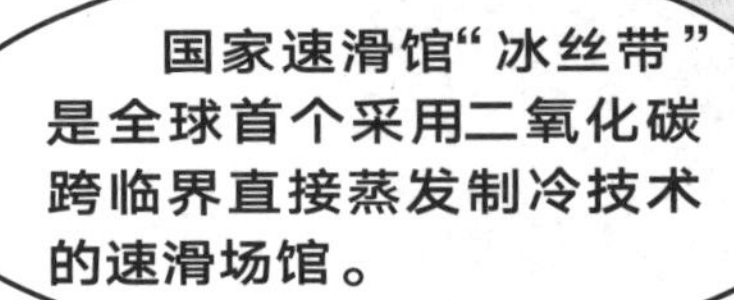

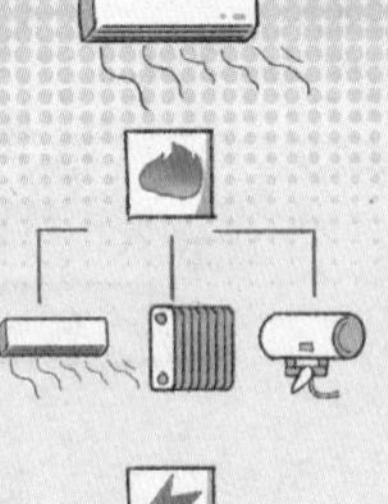

• 这种技术使用了二氧化碳制冷剂，比传统制冷系统可提高能效20%以上。

• 制冷系统产生的余热经高效回收后，可提供70°C的热水，用于运动员生活热水、冰面维护浇冰、场馆除湿等。

• 运行一年可节电200万千瓦时。

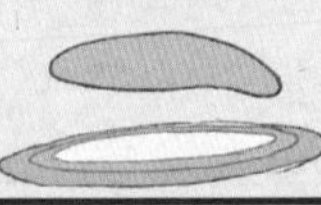

• 全冰面运行情况下制冷系统碳排放趋近于零。

这么丝滑的冰面怎么还不会滑呢？
那你示范一下旋转让我欣赏欣赏吧！

像这样。

来点小鱼干

二氧化碳既是最重要的温室气体，也是最有应用前景的环保制冷剂。2022年北京冬奥会场馆的国家速滑馆、首都体育馆、首体短道速滑训练馆及五棵松冰球训练馆的冰面建设，采用的就是二氧化碳跨临界直接蒸发制冷技术。国家速滑馆凭借这项技术制作出了1.2万平方米的亚洲最大全冰面。

与传统人工制冷剂相比，二氧化碳制冷剂对臭氧层完全无害，全球增温潜势最小（GWP=1），能够最大限度地降低对环境的影响。要知道，如果“冰丝带”采用传统制冷方法维持全冰面运行一年的话，产生的二氧化碳排放量相当于近3 900辆汽车一年的排放量，使用二氧化碳制冷剂的环保效果相当于种植了120万棵树。“冰丝带”采用的二氧化碳跨临界直接蒸发技术不仅能够有效降低能源消耗和制冰成本，还可以打造更加坚硬、透明、光滑的冰面，为运动员提供更好的比赛体验。

“锁”住碳的房子

植物能吸收二氧化碳，你知道房子也能吗？

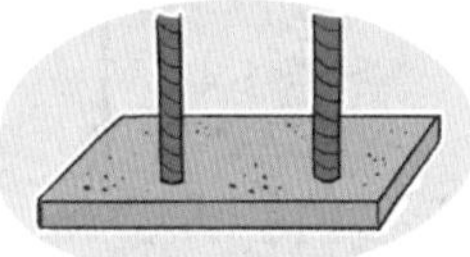

混凝土和钢筋组成了建筑物的骨架。

把空气中的二氧化碳“抓住”并注入混凝土中——边盖房子边让它吸收。

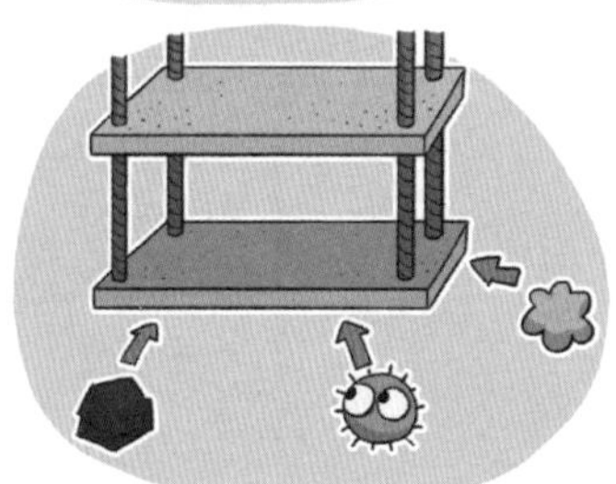

在混凝土中添加黑炭、微生物细菌、藻类等物质，不仅能增加建筑物吸收二氧化碳的能力，还能提高它的强度，使它更耐久。延长房子的使用寿命，也是为环保做贡献。

这不就是会“呼吸”的房子吗？
是的。

来点小鱼干

盖房子要用到混凝土，而混凝土中最重要的组成成分就是水泥。水泥是我们在碳中和道路上面临的最大挑战。2021年，全球水泥产量约为43亿吨，因为生产水泥而排放的二氧化碳约为17亿吨。目前对水泥的碳排放并没有非常理想的解决方法，因为它并不完全是能源消耗造成的，很大一部分是在原材料本身的化学转化过程中发生的。在既不能停止建设，又不能停用水泥的局面下，向混凝土中添加科技“猛料”就成了实现建筑碳中和的一个方向。科学家利用二氧化碳会与混凝土中的钙化物产生反应的特性，让混凝土将人为排放的二氧化碳固定封存起来。按照目前混凝土吸收二氧化碳的潜力估计，这项技术有望每年“锁”住3.5亿～4.5亿吨二氧化碳。

·第九章·

交通中的减碳“黑科技”

交通碳排放前三名

你应该知道交通行业导致的二氧化碳排放量位居全球各行业二氧化碳排放量的第二位吧？

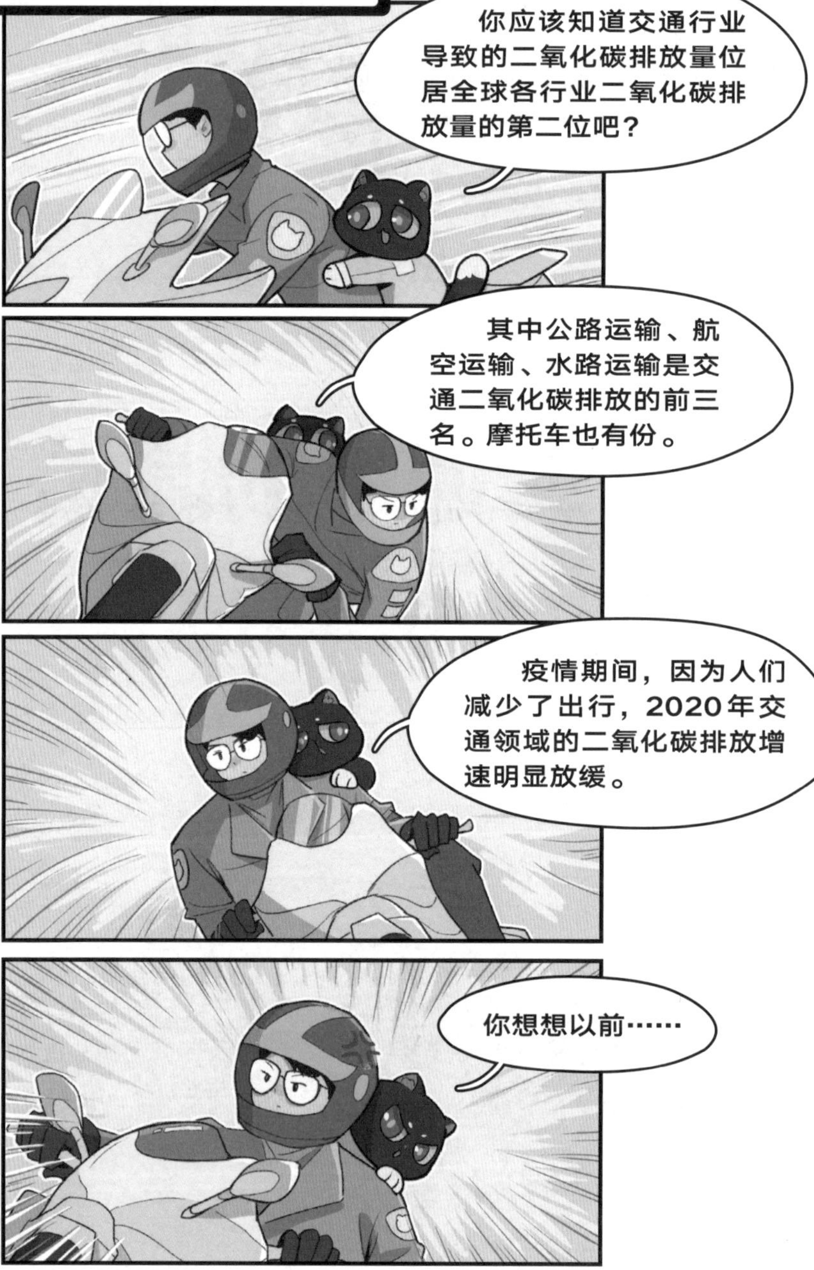

其中公路运输、航空运输、水路运输是交通二氧化碳排放的前三名。摩托车也有份。

疫情期间，因为人们减少了出行，2020年交通领域的二氧化碳排放增速明显放缓。

随着全球人口增长和人们收入提高，越来越多的人负担得起乘坐汽车、火车和航班的费用。2018年，全球不包含农业在内的二氧化碳排放总量为36.83亿吨，其中交通运输行业的二氧化碳排放量约占该总量的23%，仅次于电力和热能的排放量。在交通运输行业中，公路运输的二氧化碳排放量占比最大，占排放总量的74.5%；航空运输的二氧化碳排放量占总量的11.6%；水路运输的比航空运输的略低，占10.6%；快速向电力转型的轨道交通的二氧化碳排放量仅占总量的1%；运输水、石油、天然气等物资的管道运输的占比为2.2%。在交通运输行业排放的温室气体中，二氧化碳的排放量占84.3%。所以只要我们把交通运输领域的二氧化碳排放量大的问题解决了，该领域的减碳评分就非常可观了。

公路运输比航空运输的排碳量更高？

飞机的碳排放量那么大，为什么公路运输反而是交通碳排放的第一名呢？
那是你没看到汽车产量的变化。

汽车产量持续走高

1886年1月29日，世界上第一辆四轮汽车诞生于德国。

20世纪初期，技术成熟，1913年全球汽车产量：57万辆。

20世纪中后期，扩大生产，1980年全球汽车产量：3 000万辆。

21世纪初期，爆发式增长，2022年全球汽车产量：8 500万辆。

汽车数量多，碳排放就多吗？
飞机的碳排放总量虽然高，但从单位碳排放量[克/（千米·人）]来看，私人汽车是高于飞机的。更何况私人汽车数量庞大。
还是无法想象呢！
那你看看窗外就知道了。

一辆家用A级小型汽油轿车，在制造阶段的平均温室气体排放量为6.12吨，而在行驶阶段人均每千米的温室气体排放量为170克。如果按每年行驶2万千米，使用寿命15年来计算，该车在使用期间的温室气体排放量将超过50吨。

2020年，我国交通领域的温室气体排放量大约是10年前的1.6倍。2022年我国汽车保有量超3亿辆，公路运输的温室气体排放量之大可想而知。

汽车是改变人类历史的重要发明，汽车工业在应对全球气候变化问题上，也在不断追求突破和创新。未来，以电动化、网联化、智能化为趋势的汽车技术，以及汽车出行方式的共享化，将助力汽车产业顺利脱碳。

你的油量是如何爆表的？

离家近也开车

杂物都往车上扔

忽快忽慢，加速、刹车频繁交替出现

不开导航，靠自己的记忆力来回绕路
开下导航吧。
我记得是
在这附近啊。

降低行车碳足迹不仅是为了环保，对个人而言，还意味着节省燃油方面的开支。那么要如何降低行车碳足迹呢？

最直接有效的方法就是改善驾驶习惯。首先，保持稳定的车速。车辆都有自己的经济车速（耗油最低点对应的车速）。当车辆的行驶速度偏离其经济速度时，油耗增多，碳排放量也相应地增多。其次，尽可能地减少汽车的载重量。当载重量增加时，汽车的油耗和碳排放量都会增加。最后，由于汽车在启动或加速的瞬间碳排放量最大，所以尽量匀速开车，减少汽车启动或加速的次数。此外，尽量选择绿色出行，或者驾驶时智能规划行程，都能有效降低油耗和碳排放量。当然，还可以选择新能源车——电动汽车或者氢燃料电池车，它们的碳足迹远低于燃油车。

低碳出行的多种选择

温室气体排放量知多少

自己开车

1千米排放170克。

搭乘顺风车

2人：85克/（千米·人）。

4人：42.5克/（千米·人）。

注：乘客体重对排放量的影响忽略不计。

算算一辆寿命为4年的共享单车的温室气体排放的“账”。

单车生产阶段：

103.7千克。

单车使用阶段：

9.28千克。

全生命周期合计：

112.98千克。

一辆共享单车4年骑行总里程近5 000千米，与高碳出行方式相比，每辆共享单车在全生命周期里，预计能净减少214千克的温室气体排放。

顺风车和共享单车已成为越来越被认可的出行方式。除了费用较低之外，它们还具有低碳环保的优点。与专车相比，顺风车由私人车主提供服务，通过服务系统智能规划行程接送乘客，能够有效利用空置座位，驾乘人员共同分摊行程的碳排放量，在为乘客提供方便的基础上，比专车的碳排放量少。

共享单车有效解决了人们“最后一公里”的出行需求，它的出现改变了人们的日常出行习惯，提升了社会整体绿色出行的比例，具有显著减污降碳的环境效益。《共享骑行全生命周期减污降碳报告》显示，每骑行1千米，共享单车大约可减少48.7克温室气体排放量。

私人飞机的排碳量有多高？

航空业的温室气体排放量在交通行业中占比并不大，2016年的数据仅为1.9%。在长途飞行的情况下，由于巡航阶段的燃油消耗远低于起飞阶段，因此单位里程人均碳排放量甚至比燃油车的人均碳排放量还要低。国内短途航班单位里程（按每千米计算）的人均温室气体排放量为255克，而长途飞行的此项数据会下降到150克。一般来说，飞行距离小于2 500千米的飞行，其单位里程的人均温室气体排放量高于飞行距离大于2 500千米的人均温室气体排放量。但私人飞机的飞行距离更短，污染情况更为严重。据统计，2022年欧洲一半以上的私人飞机的飞行距离小于750千米。对这样的短途旅行来说，私人飞机造成的人均污染比商用飞机高14倍，比火车高50倍。

低碳的“欧洲之星”

欧洲国际高速铁路列车“欧洲之星”不仅高速，而且环保。
乘坐“欧洲之星”旅行，每千米人均二氧化碳排放量仅为5.5克。
好，我记住了。
好想去看看。

铁路客运交通作为一种公共交通方式于19世纪初首先出现在英国。英国的统计数据表明，铁路的每千米人均温室气体排放量仅为35克，约为短途飞行的1/5。在讨论低碳铁路交通时，“欧洲之星”值得一提。它是连接英国、法国、比利时的高速列车，长期以来一直坚定地致力于欧洲的绿色能源转型。乘坐“欧洲之星”的乘客，每千米平均排放二氧化碳5.5克，这意味着，一个人从法国巴黎去英国伦敦，乘坐“欧洲之星”产生的二氧化碳排放量为2.4千克，而乘坐飞机的排放量要高达66千克！这主要归功于“欧洲之星”使用的是由风能、核能提供的清洁低碳的电力能源，而非传统的化石能源。“欧洲之星”的目标是未来100%使用可再生能源，为此科研人员在不断研发和尝试更多的先进节能技术。

交通“黑科技”

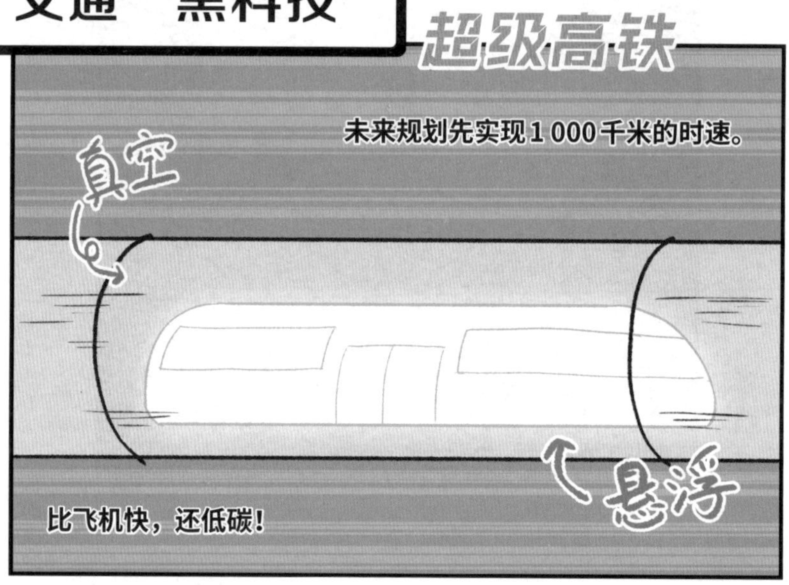
超级高铁
未来规划先实现1 000千米的时速。
真空
悬浮
比飞机快，还低碳！

地面充电板
地面铺设太阳能板，电车随停随充。

高铁虽然低碳，但350千米的平均时速，比起客运飞机800千米的平均时速还是低了。不过飞机的速度优势可能要变成“曾经”了。在不久的将来，比飞机更低碳、更便宜的地面交通工具——时速超过1 000千米的超级高铁将出现在我们的视野中。超级高铁形似胶囊，它高速行驶的主要原理在于实现真空管道运输。运输管道的真空状态可以极大地减小摩擦力，而磁悬浮技术可以进一步减少阻力，因此，这种列车的时速不仅可以大大提高，还具有能耗低、噪声小、污染少等优势。目前，日本、美国和我国都有正在研发中的超级高铁项目。

后记：碳中和对我们未来的影响

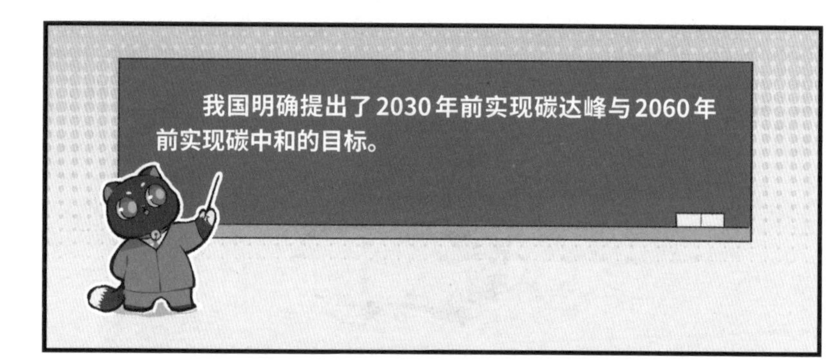

我国明确提出了2030年前实现碳达峰与2060年前实现碳中和的目标。

我国人力资源和社会保障部发布的18个新职业中，碳汇计量评估师被列入国家职业序列。

国内五大电力集团拥有自己的碳资产管理团队。互联网企业也希望找到“碳圈人才”作为储备。大学开设“碳”相关专业。

你看到了什么？
我看到……

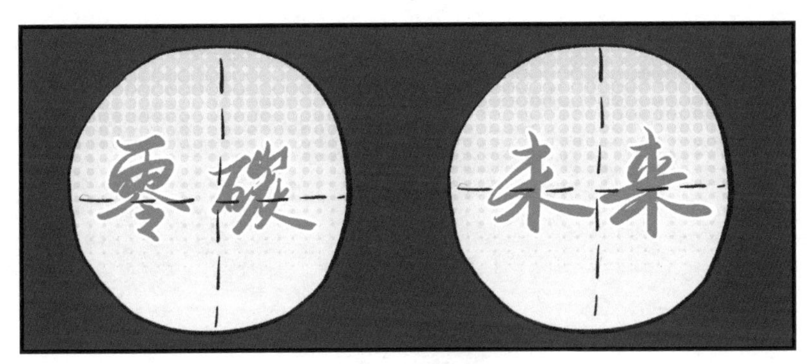

随着全球气候变暖问题日益突出，碳中和已经成为一个备受关注的热点话题，节能减排、低碳转型也变成各行各业的共同追求。在这样的大背景下，传统的高耗能、高污染生产行业和生产模式已经无法适应市场的需求。

在一些传统行业面临转型升级压力的同时，越来越多与环保相关的新兴产业、新兴职业以及创新机遇出现在我们面前。一家企业的环保政策、员工的环保意识和废弃物的排放措施等与环境相关的因素，已经成为衡量企业是否具有社会责任感、是否值得获得长期投资的判断依据。在对企业的决策过程中，投资者往往会通过研究企业的ESG（环境、社会和企业治理）评级报告，来评估该企业在绿色环保、履行社会责任等方面的贡献，进而对该企业是否值得长期投资做出判断。

致谢

特别鸣谢秀英、小倩、小勇、亮亮、庭庭、朵朵、帅帅和钻钻，他们是本套书两位主人公的原型。感谢各位一直以来的支持和鼓励。